# 计算机应用基础教程
# Windows 10
# +WPS Office 2019

主　编　高分所　黄绍敏　张馨月
副主编　孙海燕　杨发友　丁　上

中国水利水电出版社
www.waterpub.com.cn
·北京·

# 内 容 提 要

为落实"三教"改革精神，推动高职高专计算机信息素养基础课程的教学改革工作，在高职院校中推广使用国产优秀软件，编者根据当前计算机基础教育的发展趋势，结合高职高专"计算机应用基础"课程的教学特点，组织云南水利水电职业学院教学一线教师编写了本书。本书详细介绍了计算机基础知识，Windows 10操作系统，WPS Office国产办公套装软件中的WPS文档处理、WPS表格的应用、WPS演示文稿的制作三个应用软件，以及计算机网络与安全。

本书可作为高职院校以及各类计算机教育培训机构的专用教材，也可作为全国计算机等级考试一级WPS Office的参考书。

## 图书在版编目（CIP）数据

计算机应用基础教程：Windows 10+WPS Office 2019 / 高分所，黄绍敏，张馨月主编. -- 北京：中国水利水电出版社，2021.8（2023.7重印）
ISBN 978-7-5170-9631-3

Ⅰ. ①计… Ⅱ. ①高… ②黄… ③张… Ⅲ. ①Windows操作系统—高等职业教育—教材②办公自动化—应用软件—高等职业教育—教材 Ⅳ. ①TP316.7②TP317.1

中国版本图书馆CIP数据核字(2021)第108847号

| 书　　名 | 计算机应用基础教程（**Windows 10 + WPS Office 2019**）<br>JISUANJI YINGYONG JICHU JIAOCHENG<br>（Windows 10 + WPS Office 2019） |
| --- | --- |
| 作　　者 | 主　编　高分所　黄绍敏　张馨月<br>副主编　孙海燕　杨发友　丁　上 |
| 出版发行 | 中国水利水电出版社<br>（北京市海淀区玉渊潭南路1号D座　100038）<br>网址：www.waterpub.com.cn<br>E-mail：sales@mwr.gov.cn<br>电话：(010) 68545888（营销中心） |
| 经　　售 | 经售北京科水图书销售有限公司<br>电话：(010) 68545874、63202643<br>全国各地新华书店和相关出版物销售网点 |
| 排　　版 | 中国水利水电出版社微机排版中心 |
| 印　　刷 | 天津嘉恒印务有限公司 |
| 规　　格 | 184mm×260mm　16 开本　14.25印张　302千字 |
| 版　　次 | 2021 年 8 月第 1 版　2023 年 7 月第 4 次印刷 |
| 印　　数 | 10001—15000册 |
| 定　　价 | **48.00元** |

凡购买我社图书，如有缺页、倒页、脱页的，本社营销中心负责调换
**版权所有·侵权必究**

# 前　言

职业教育与普通教育是两种不同教育类型，具有同等重要地位。随着我国进入新的发展阶段，产业升级和经济结构调整不断加快，各行各业对技术技能人才的需求越来越紧迫，职业教育的重要地位和作用越来越凸显。

为了适应当前高职高专教育教学改革与人才培养的新形势和新要求，着眼于高素质劳动者和技术技能人才对计算机应用基础课程学习的需求，对接科技发展趋势和市场需求，培养高职学生的信息素养，提高学生获得、分析、处理、应用信息的能力，增强学生利用网络资源优化自身知识结构与提升技能水平的自觉性。同时大力推广使用国产优秀软件，培养学生爱国热情，增强民族自信心和自豪感。我们组织一线教师，针对高职高专学生的实际情况，结合"三教"改革和全国计算机一级考试大纲（WPS Office）的基本精神，编写了此教材。

全书包括计算机基础知识，Windows 10操作系统，WPS Office国产办公套装软件中的WPS文档处理、WPS表格的应用、WPS演示文稿的制作，以及计算机网络与安全6个项目。

本书具有如下特点：

（1）内容新颖：紧跟主流技术，介绍目前主流操作系统Windows 10和国产优秀开源办公套装软件WPS Office 2019。

（2）实用性强：项目内容与学生学习生活紧密相关，能激发学生学习兴趣，有助于技能快速提高。

（3）科学评测：为提高学生的学习效率和学习质量，本书将配套评测系统。每个知识点配有微视频和相应的测试题目，学生可以课后反复学习和测试，教师能即时掌握学生学习情况。

（4）课程思政：积极践行"立德树人"根本任务，尝试将思政教育元素融入教材。

本书由云南水利水电职业学院高分所、黄绍敏、张馨月担任主编，孙海燕、杨发友、丁上担任副主编。具体分工如下：项目1由丁上编写，项目2由高分所编写，项目3由黄绍敏编写，项目4由孙海燕编写，项目5由张馨月编写，项目6由杨发友编写。

在本书的编写过程中，参考了大量的资料，谨向这些作者表示崇高的敬意！同时也对本书编写给予帮助和支持，提出宝贵指导意见的专家表示衷心的感谢！

本书将配套微课视频、课程标准、案例素材、评测系统等数字化学习资源。由于编者水平有限，编写时间仓促，书中难免有不足之处，请读者和同行专家批评指正。

编者

2021年4月

# "行水云课"数字教材使用说明

  "行水云课"水利职业教育服务平台是中国水利水电出版社立足水电、整合行业优质资源全力打造的"内容"＋"平台"的一体化数字教学产品。平台包含高等教育、职业教育、职工教育、专题培训、行水讲堂五大版块，旨在提供一套与传统教学紧密衔接、可扩展、智能化的学习教育解决方案。

  本套教材是整合传统纸质教材内容和富媒体数字资源的新型教材，将大量图片、音频、视频、3D动画等教学素材与纸质教材内容相结合，用以辅助教学。读者登录"行水云课"平台，进入教材页面后输入激活码激活，即可获得该数字教材的使用权限。可通过扫描纸质教材二维码查看与纸质内容相对应的知识点多媒体资源，完整数字教材及其配套数字资源可通过移动终端APP、"行水云课"微信公众号或中国水利水电出版社"行水云课"平台查看。

  内页二维码具体标识如下：

  ·▶为知识点视频

# 多媒体知识点索引

# 目 录

# 项目 1
# 计算机基础知识

**项目导读**

计算机的出现是20世纪最卓越的成就之一，计算机的广泛应用极大地促进了生产力的发展，在当今信息社会中，计算机已经成为必不可少的工具。掌握计算机的日常使用，已经成为各行各业对广大从业人员的基本素质要求之一。在学习计算机知识前，有必要先对计算机的过去和发展有所了解，以便更好地应用计算机。项目1主要介绍计算机的一些基础知识。通过本章的学习，读者可以了解计算机的发展、特点及用途；了解计算机中使用的数制和各数制之间的转换；弄清计算机的主要组成部件及各部件的主要功能；了解计算机安全与病毒相关知识。

**教学目标**

- 了解计算机的发展、特点及用途。
- 了解计算机中使用的数制和各数制之间的转换。
- 弄清计算机的主要组成部件及各部件的主要功能。
- 了解计算机安全与病毒相关知识。

## 任务 1.1 计算机及其发展

### 1.1.1 计算机的定义

计算机（computer）俗称电脑，是现代的一种用于高速计算的电子计算机器，人们可以用它进行数值计算，又可以用它进行逻辑计算，同时还具有存储记忆功能。计算机是能够按照程序运行，自动、高速处理海量数据的现代化智能电子设备。它由硬件系统和软件系统组成，没有安装任何软件的计算机称为裸机。

任务1.1 ▶

计算机的定义与计算机的发展有紧密的联系，1940年以前，计算机甚至被定义为"执行计算任务的人"。现代意义上的计算机起源于20世纪40年代，美国国防部委托宾夕法尼亚大学的一个科学家小组研制一台计算机器帮助他们进行弹道轨迹的计算以加快新式武器的研制进程。这项工作的结果是——1946年2月产生了人类历史上第一台真正的"计算机"，即ENIAC（Electronic Numerical Integrator And Computer，电子数值积分与计算机）。ENIAC是在冯·诺依曼（John von Neumann）的一份报告的基础上研制的，这篇报告也因此被称为"在计算机科学史上最具有影响力的论文"，冯·诺依曼被称为"现代计算机之父"。ENIAC的问世，使人类进入了计算机时代。

根据冯·诺依曼报告中的基本概念，计算机是一种可以接收输入、存储与处理数据并输出处理结果的电子设备。计算机看起来非常复杂，但其本质非常简单，在计算机内部，所有的程序、图形、声音及文字都是由0和1两个数字表示并演化的。从20世纪40年代至今，计算机的发展都建立在冯·诺依曼理论的基础上，因此，根据这一原理制造的计算机被称为"冯·诺依曼结构计算机"。

### 1.1.2 计算机的产生与发展

#### 1.1.2.1 萌芽时期

由于很多工作都会面临着繁碎的计算环节，所以人们就一直想要研发出一种可以充当人脑延伸的工具。但是刚开始出现这种想法的时候，由于整个社会的科学技术不足以实现这个想法，所以尽管有很多的学者都投身到计算机领域中去，但是收效甚微。直到1666年，有一位叫作塞缪尔·莫兰达的英国科学家，他发明出了一个可以进行加法和减法计算的计算机。这个计算机给后来的科学家带来不少的灵感。到了1854年，英国的数学家乔治·布尔写了一本名为 *AN INVESTIGATION OF THE LAWS OF THOUGHT*（《思维规律的研究》）的书，这本书所研究的符号和相关的规律都变成了未来计算机逻辑设计的基础。

如图1.1所示。

在1935年的时候。IBM公司制造出了"IBM 601"，这是一个可以在1秒钟内进行乘法计算的机器。在1946年，美国率先发明了世界上第一台电子数字积分的计算机器，叫作ENIAC，这台机器也被普遍认为是世界上的第一台计算机。

### 1.1.2.2　发展时期

从第一台计算机诞生至今，计算机世界的发展日新月异，特别是相关电子器件的发展，大大推动了计算机的发展，如图1.2所示。因此，人们通常用计算机的主要元器件作为其发展的年代划分标准。通常把计算机发展过程划分为以下几个阶段。

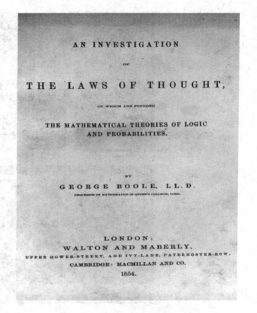

图1.1　《思维规律的研究》

第一代（1946—1958年），电子管计算机时代。其逻辑元器件是电子管，结构上是以CPU为中心。第一代计算机的特点是：体积庞大、造价高昂、速度慢、存储量小、可靠性差。当时主要是针对军事应用和科学研究，代表产品有：UNIAC—I。

第二代（1958—1964年），晶体管计算机时代。这一代计算机用晶体管代替了电子管，使用磁芯作为主存储器。特点是：相对第一代计算机，其体积小、重量轻、开关速度快、工作温度低。应用范围也扩大到事务管理、数据分析和工业控制，代表产品有：IBM 1410、CDC6600。

第三代（1965—1970年），集成电路计算机时代。第三代计算机的逻辑元件采用集成电路（Integrated Circuit，IC），出现了操作系统。主要特点是：体积、重量和功耗进一步减小，应用范围也更加广泛。代表产品有：IBM 360、VAX 11。

第四代（1971年至今），大规模和超大规模集成电路计算机时代。第四代计算机用大规模集成电路（LSI）和超大规模集成电路（VLSI）作为计算机主要功能部件。其主要特点是性能飞跃式上升，应用于各个领域。代表产品有：IBM S370、ILLIAC—Ⅳ、IBM PC。

第五代计算机是当下还在研发研制中的新型电子计算机，关于第五代计算机的设想，是1981年在日本东京召开的第五代计算机国际会议上正式提出的。从20世纪80年代开始，日本、美国以及欧洲共同体都相继开展了新一代计算机（Furture Generation Computer Systerm，简称FGCS）的研究。新一代计算机是把信息采集、存储、处理、通信和人工智能结合在一起的计算机系统，它不仅能进行一般信息处理，而且能面向知识处理，具有形式推理、联想、学习和解释能力，能帮助人类开拓未知的领域和获取新的知识。

图1.2　计算机的发展

我国从1957年在中科院计算所开始研制通用数字电子计算机，1958年8月1日该机可以表演短程序运行，标志着我国第一台电子数字计算机诞生。经过几代科学家的努力，我国在超级计算机方面发展迅速，跃升到国际先进水平国家当中。我国是第一个以发展中国家的身份制造了超级计算机的国家，如图1.3所示。我国在1983年就研制出第一台超级计算机银河一号，使中国成为继美国、日本之后第三个能独立设计和研制超级计算机的国家。我国以国产微处理器为基础制造出本国第一台超级计算机名为"神威蓝光"，在2019年11月TOP500组织发布的最新一期世界超级计算机500强榜单中，中国占据了227个，神威·太湖之光超级计算机位居榜单第三位，天河二号超级计算机位居第四位。

图1.3　中国的超级计算机

### 1.1.3　计算机的发展趋势

目前，计算机正朝着并行处理与人工智能两大方向发展，但是，这除了要依靠计算机技术本身的进步外，还受其他相关学科研究进展的制约。目前，计算机的发展趋势可概括为5个方向，即巨型化、微型化、网络化、多媒体化和智能化。

（1）巨型化。巨型化是指计算机的计算速度更快、储存容量更大、功能更完善、可靠性更高，其运算速度可达到每秒万万亿次。巨型机的应用范围如今已日趋广泛，在航天、军事工业、气象、电子、人工智能等几十个科学领域发挥着巨大的作用。

（2）微型化。微型计算机从过去的台式机迅速向便携机、掌上机、膝上机发展，其低廉的价格、便捷的使用、丰富的软件，使其受到人们的青睐。

（3）网络化。网络化是指利用现代通信技术和计算机技术，把分布在不同地点的计算机互联起来，按照网络协议互相通信，以共享软件、硬件和数据资源。目前，计算机网络已经在交通、金融、企业管理、教育、电信、商业、娱乐等各行各业中得到了很广泛的使用。

（4）多媒体化。计算机多媒体技术是当今信息技术领域发展最快、最活跃的技术，是新一代电子技术发展和竞争的焦点。多媒体技术融计算机、声音、文本、图像、动画、视频和通信等多种功能于一体，借助日益普及的高速信息网，可实现计算机的全球联网和信息资源共享，因此被广泛应用在咨询服务、图书、教育、通信、军事、金融、医疗等诸多行业，并正潜移默化地改变着我们生活的面貌。

（5）智能化。智能化是指计算机模拟人的感觉和思维过程的能力。智能化是计算机发展的一个重要方向。智能计算机具有解决问题、逻辑推理、知识处理和知识库管理等功能。未来的计算机将能接受自然语言的命令，有视觉、听觉和触觉，但可能不再有现在计算机的外形，体系结构也会不同。

目前已研制出的机器人有的可以代替人从事危险环境中的劳动，有的能与人下棋等，这都从本质上扩充了计算机的能力，使计算机可以越来越多地替代人的思维活动和脑力劳动。

## 1.1.4　计算机的特点与分类

### 1.1.4.1　计算机的特点

计算机的蓬勃发展和应用已渗透到社会的各行各业中，其主要原因就是因为计算机具有以下特点。

（1）运算速度快。由于计算机采用高速电子器件和线路，并利用先进的计算技术，因此计算机能以极高的速度工作。

（2）计算精度高。利用计算机可以获得较高的有效位，提高运算的精度。例如，通过计算机计算圆周率，可精确到小数点后上亿位。

（3）逻辑判断和运算能力强。因采用二进制，故计算机不仅能进行算术运算，并能进行逻辑运算，并能根据判断的结果自动决定下一步该做什么。具有可靠逻辑判断能力是计算机能实现信息处理自动化的重要原因。

（4）储存容量大和记忆能力强。计算机中设有存储器，可记忆大量的数据。

（5）自动化程度和可靠性高。由于计算机具有存储记忆能力和逻辑判断能力，所以人们可以将预先编好的程序组纳入计算机内存，在程序控制下，计算机可以连续、自动地工作，不需要人的干预。

### 1.1.4.2　计算机的分类

计算机的分类方法较多，根据处理的对象、用途和规模不同可有不同的分类方法，常用的分类方法有以下三种。

（1）按处理的对象划分：可分为模拟计算机、数字计算机和混合计算机。

（2）根据计算机的用途划分：可分为专用计算机和通用计算机两种。

（3）根据计算机的规模划分：计算机的规模由计算机的一些主要技术指标来衡量，如字长、运算速度、存储容量、外部设备、输入和输出能力、配置软件、价格等。计算机根据其规模可分为巨型机、小巨型机、大型主机、小型机、微机、图形工作站等。

## 1.1.5　计算机的应用

随着计算机时代的发展，计算机的应用领域日益广泛，应用水平也越来越高，计算机早已渗透在人们生活的方方面面，不管是工作、学习还是生活，今天的人类已经离不开计算机的应用。计算机的应用主要体现在以下9个方面。

（1）科学计算。科学计算指的是科学和工程中的数值计算，是利用计算机来完成科学研究和工程技术中提出的数学问题的计算。近些年来，如气象预报、云计算（图1.4）、航天工程、核能技术等很多现代极端科学技术的发展都是建立在计算机计算应用的基础上。

（2）数据处理。数据处理是对数据的采集、存储、检索、加工、变换和传输等一系列活动的总称，也称为非数值处理或事务处理。数据处理一般应用的数据量很大，但是计算方法比较简单，比如办公自动化（图1.5）、大数据、电影电视的动画设计等。

图1.4　云计算　　　　　　　　　　　　　图1.5　办公自动化

（3）自动控制。自动控制是指通过计算机对某一过程进行自动操纵，不需人工干预就能够按人们预定的目标和预定的状态进行过程控制。例如，炼钢、机床、无人车间（图1.6）、无人驾驶飞机、导弹、人造卫星的控制都是靠计算机来控制的。

（4）计算机辅助系统。计算机在辅助设计（CAD）（图1.7）、辅助制造（CAM）、辅助测试（CAT）和辅助教育（CAM）等方面发挥着越来越大的作用。

图1.6　无人车间

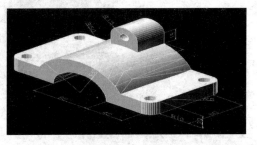
图1.7　辅助设计

（5）多媒体应用。人们利用计算机的多媒体功能可以欣赏电影、观看电视、玩游戏及进行家庭文化教育等，如图1.8所示。

（6）人工智能。人工智能（Artificial Intelligence, AI）（图1.9）企图了解智能的实质，并生产出一种新的能以人类智能相似的方式做出反应的智能机器，该领域的研究包括机器人、语言识别、图像识别、自然语言处理和专家系统等。

图1.8　多媒体

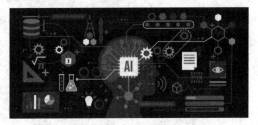
图1.9　人工智能

（7）虚拟现实技术。虚拟现实技术（Virtual Reality, VR），又称灵境技术，是20世纪发展起来的一项全新的实用技术。在城市规划、医学、军事等方面得到广泛应用，如图1.10所示。

（8）计算机网络。计算机网络是计算机技术和通信技术相结合的产物，利用计算机网络可以实现电子商务、电子政务、邮件传送等功能，如图1.11所示。

图1.10　VR

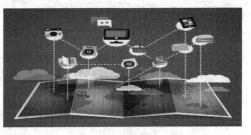
图1.11　网络世界

（9）网络教育。网络教育（图1.12）是一种新型教育模式。老师通过网络授课，学生可以不受时间空间限制学习。

图1.12　网络教育

# 任务 1.2　计算机系统

一套完整的计算机系统由硬件系统和软件系统两大部分组成，如图1.13所示。硬件是计算机的物质基础，是看得见、摸得着的有形实体。软件是计算机的灵魂。软件和硬件之间是相辅相成的，缺一不可。只有硬件而无软件的计算机称为裸机，它是不能开展任何工作的。前者是借助电、磁、光、机械等原理构成的各种物理部件的有机组合，是系统赖以工作的实体。后者是各种程序和文件的集合，用于指挥全系统按指定的要求进行工作。

任务1.2 ▶

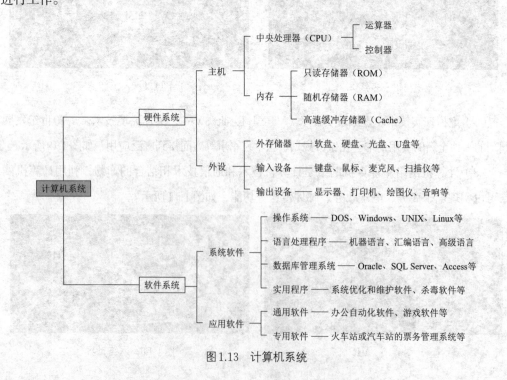

图1.13　计算机系统

## 1.2.1　冯·诺依曼模型

说到计算机的发展，就不能不提到美国科学家冯·诺依曼。从20世纪初，物理学和电子学科学家们就在争论制造可以进行数值计算的机器应该采用什么样的结构，人们被十进制这个人类习惯的计数方法所困扰。所以，那时更加流行研制模拟计算机。20世纪30年代中期，美国科学家冯·诺依曼大胆地提出，抛弃十进制，采用二进制作为数字计算机的数制基础。同时，他还说预先编制计算程序，然后由计算机来按照人们事前制定的计算顺序来执行数值计算工作。

冯·诺依曼理论的要点是：数字计算机的数制采用二进制；计算机应该按照程序顺序执行。人们把冯·诺依曼的这个理论称为冯·诺依曼体系结构。从ENIAC到当前最先进的计算机都采用的是冯·诺依曼体系结构。冯·诺依曼的这一设计思想被誉为计算机发展史的里程碑，标志着现代计算机时代的真正开始。

## 1.2.2　计算机硬件系统

冯·诺依曼模型决定了计算机硬件系统由运算器、控制器、存储器、输入设备、输出设备五大基本部件组成。其各部分功能说明如下。

### 1.2.2.1　运算器

运算器（ALU）是计算机处理数据并形成信息的加工厂，因为其主要功能是对二进制数码进行算数运算或逻辑运算，故也被称为算术逻辑单元。运算器工作的过程是从存储器读取数据，通过运算器完成运算，再把运算结果存储到存储器。

### 1.2.2.2　控制器

控制器（CU）是计算机的神经中枢、指挥中心，计算机在控制器的控制下各个部件自动协调地工作。控制器由指令寄存器、译码器、时序节拍发生器、指令计数器以及操作控制部件等主要部件构成。

### 1.2.2.3　存储器

存储器（Memory）是微机系统中的记忆设备，用来保存程序和数据。存储器按其作用可分为内存储器和外存储器两类。其中内存储器直接与CPU相连接，存取速度快，但存储容量较小；是用来存放当前运行程序的指令和数据的，由半导体器件构成。外存储器是内存的扩充。外存储器容量大，价格低，但存储速度较慢，一般用来存放大量暂时不用的程序、数据和中间结果，需要时，可成批地和内存储器进行信息交换。常用的外存有软盘存储器、硬盘存储器、光盘存储器等。

#### 1.2.2.4 输入设备

输入设备（Input Device）是向计算机输入数据和信息的设备。常见的输入设备有键盘、鼠标、扫描仪、数字化仪、光笔、数码相机、话筒等。

#### 1.2.2.5 输出设备

输出设备（Output Device）是计算机硬件系统的终端设备，用于数据的输出。它把各种计算结果数据或信息以数字、字符、图像、声音等形式表示出来。常见的输出设备有显示器、打印机、绘图仪、影像输出系统、语音输出系统、磁记录设备等。

### 1.2.3 计算机软件系统

软件系统是计算机系统必不可少的组成部分。计算机软件系统包括系统软件和应用软件。

#### 1.2.3.1 系统软件

系统软件包括操作系统、程序设计语言、语言处理程序、数据库管理程序和工具软件。

1. 操作系统

操作系统是最基本、最重要的系统软件。它负责管理计算机系统的全部软件资源和硬件资源，合理地组织计算机各部件协调工作，为用户提供操作和编程界面。

2. 语言处理程序

语言处理程序主要是指把汇编语言转换成机器语言的汇编程序，把高级语言转换为机器语言的编译程序或解释程序和作为软件开发工具的编译程序、装配和连接程序等。

3. 数据库管理程序

数据库管理程序主要由数据库和数据库管理系统组成。目前，微型计算机系统常用的单机数据库管理系统有Dbase、FoxBase、VisualFoxpro等，适合于网络环境的大型数据库管理系统有Sybase、Oracle、DB2、SOLServer等。

4. 编译系统

要使计算机能够按照人的意图去工作，就必须使计算机能接受人向它发出的各种命令和信息，这就需要有用来进行人和计算机交换信息的"语言"。计算机语言的发展有机器语言、汇编语言和高级语言3个阶段。

#### 1.2.3.2 应用软件

应用软件是为实现计算机的各种应用而编写的软件，侧重于解决实际问题，它往往涉及应用领域的知识，并且在系统软件的支持下才能运行。按其服务对象，应用软件又分为通用软件和专用软件。

1. 通用软件

通用软件通常用于带有"共性"的微机应用问题，设计面广。常用的通用软件有文字处理软件、表格处理软件、绘图软件、财务软件、图形处理软件和游戏等。

2. 专用软件

专用软件是专为少数用户设计的目的单一的应用软件。例如，某种机床设备的自动控制软件、专为学习某门课程而设计的教学课件等。

## 1.2.4　计算机语言

编写程序所用的语言称为程序设计语言，它是人与机器之间交换信息的工具，人们要利用计算机来解决问题，就必须要利用计算机语言来编织程序。可分为机器语言、汇编语言、高级语言三类，其中机器语言和汇编语言属于低级语言。

（1）机器语言：机器语言是一种二进制代码表示的，能够被机器直接识别和执行的面向机器的程序设计语言，是第一代计算机语言，属于低级语言。用机器语言编写的程序称为机器语言程序，编写难度大，不容易被移植。

（2）汇编语言：汇编语言是一种用助记符表示的面向机器的程序设计语言，它比较接近机器语言，离人类语言仍较远，是第二代计算机语言，属于低级语言。用汇编语言编写的程序称为汇编语言程序，不能被机器直接识别和执行，必须由"汇编程序"翻译成机器语言程序之后才能运行。

（3）高级语言：高级语言是一种比较接近自然语言和数学表达式的程序设计语言，是一种面向过程的程序设计语言。其中所用的符号、标记接近人们的习惯，便于理解、掌握和记忆，是第三代计算机语言，也称为算法语言。具有可视化、网络化、多媒体等功能。目前，较为流行的有Visual Basic、Visual C++、Visual FoxPro和Java语言等。。

## 1.2.5　数制

进位计数制是一种计数的方法。在日常生活中，人们使用各种进位计数制，如六十进制（1小时=60分，1分=60秒），十二进制（1英尺=12英寸，1年=12个月）等。人们最熟悉和最常用的是十进制计数，而计算机内部采用的是二进制表示法。通常为了简化二进制数据的书写，也采用八进制和十六进制表示法。在了解进制前应先了解以下几个概念。

（1）数制：人们利用符号来计数的科学方法。

（2）进位计数制：按一定进位规则进行计数的方法。

（3）数码：一组用来表示某种数制的符号。

（4）基数：进制中允许使用的基本数码的个数。

（5）位权：数制中某一位上的"1"所表示数值的大小。

### 1.2.5.1 进制的特点

进制的特点见表1.1。

**表1.1**　　　　　　　　　　　　**进 制 的 特 点**

| 进制 | 基数 | 基本数码 | 权 | 特点 |
|------|------|----------|-----|------|
| 十进制 | 10 | 0, 1, 2, 3, 4, 5, 6, 7, 8, 9 | $10^n$ | 逢十进一 |
| 二进制 | 2 | 0, 1 | $2^n$ | 逢二进一 |
| 八进制 | 8 | 0, 1, 2, 3, 4, 5, 6, 7 | $8^n$ | 逢八进一 |
| 十六进制 | 16 | 0, 1, 2, ..., 9, A, B, C, D, E, F | $16^n$ | 逢十六进一 |

10,11,12,13,14,15

**注** 1. 十进制数用（101.2）$_{10}$或101.2D标明。

　　　2. 二进制数用（101.01）$_2$或101.01B标明。

　　　3. 八进制数用（103.02）$_8$或103.02O标明。

　　　4. 十六进制数用（2A3.F）$_{16}$或2A3.FH标明。

### 1.2.5.2 进制间的转换

**1. 十进制数转化为二进制**

十进制转化成二进制的方法是：整数部分采用除2取余数，反复除以2直到商为0，取余数；小数部分采用乘以2取整数，反复乘以2取整数，直到小数为0或取到足够的二进制位数。

例如：43转换为二进制数，其过程如下：

$43/2=21\cdots\cdots1$

$21/2=10\cdots\cdots1$

$10/2=5\cdots\cdots0$

$5/2=2\cdots\cdots1$

$2/2=1\cdots\cdots0$

$1/2=0\cdots\cdots1$

从下往上读取每一次的余数，就是转换的结果：43=（101011）$_2$

再例如：0.625转化为二进制数，其过程如下：

$0.625\times2=1.250\cdots\cdots$取整数部分 1，小数部分为0.250

$0.250\times2=0.50\cdots\cdots$取整数部分 0，小数部分为0.5

$0.50\times2=1.0\cdots\cdots$取整数部分 1，小数部分为0，结束。

经过运算，最后转换的结果：0.625=（0.101）$_2$

**2. 二进制数转换为十进制**

二进制数转换为十进制的方法是：按权相加法，即将二进制每位上的数乘以权，然后

计算机应用基础教程（Windows 10+WPS Office 2019）

相加之和即是十进制数。其中，各位上的权值是基数2的若干幂次。

例如：二进制数（101011.101）₂转换成为十进制，其过程如下：

$(101011.101)_2=1×2^5+0×2^4+1×2^3+0×2^2+1×2^1+1×2^0+1×2^{-1}+1×2^{-2}+1×2^{-3}$

3．二进制换算八进制

例：二进制的"10110111011"转换八进制时，从右到左，三位一组，不够补0，即为

010 110 111 011

然后每组中的3个数分别对应4、2、1的状态，再将状态为1的相加，如：

010=2

110 =4+2= 6

111=4+2+1=7

011=2+1=3

结果为：2673

4．二进制转换十六进制

二进制转换十六进制的方法也类似，只要每组4位，分别对应8、4、2、1就行了。

如分解为

0101 1011 1011

运算为

0101=4+1=5

1011=8+2+1=11（由于10为A，所以11即B）

1011=8+2+1=11（由于10为A，所以11即B）

结果为：5BB

5．二进制转换其他进制数

二进制数与其他进制数之间的对应关系见表1.2.

表1.2　　　　　　　　　二进制数与其他进制数之间的对应关系

| 十进制 | 二进制 | 八进制 | 十六进制 | 十进制 | 二进制 | 八进制 | 十六进制 |
| --- | --- | --- | --- | --- | --- | --- | --- |
| 0 | 0 | 0 | 0 | 7 | 111 | 7 | 7 |
| 1 | 1 | 1 | 1 | 8 | 1000 | 10 | 8 |
| 2 | 10 | 2 | 2 | 9 | 1001 | 11 | 9 |
| 3 | 11 | 3 | 3 | 10 | 1010 | 12 | A |
| 4 | 100 | 4 | 4 | 11 | 1011 | 13 | B |
| 5 | 101 | 5 | 5 | 12 | 1100 | 14 | C |
| 6 | 110 | 6 | 6 | 13 | 1101 | 15 | D |

项目 1

计算机基础知识

续表

| 十进制 | 二进制 | 八进制 | 十六进制 | 十进制 | 二进制 | 八进制 | 十六进制 |
|---|---|---|---|---|---|---|---|
| 14 | 1110 | 16 | E | 16 | 10000 | 20 | 10 |
| 15 | 1111 | 17 | F | | | | |

## 1.2.6 编码

什么叫编码？就是一个字符用什么来表示。编码有很多类型。计算机中的信息都是用二进制编码表示的，用来表示字符的二进制编码称为字符编码。

### 1.2.6.1 西文字符编码

计算机中最常用的字符编码是ASCII码，即美国信息交换标准码（American standard code for information interchange，ASCII），其被国际标准化组织制定为国际标准。

ASCII码有7位码和8位码两种版本。国际上通用的是7位ASCII码，用7位二进制数表示一个字符的编码，共有$2^7$=128个不同的编码值，相应地可以表示128个不同字符的编码，见表1.3。

表1.3 标准ASCII码字符表

| | 000 | 001 | 010 | 011 | 100 | 101 | 110 | 111 |
|---|---|---|---|---|---|---|---|---|
| 0000 | NUL | DLE | SP | 0 | @ | P | ` | p |
| 0001 | SOH | DC1 | ! | 1 | A | Q | a | q |
| 0010 | STX | DC2 | " | 2 | B | R | b | r |
| 0011 | ETX | DC3 | # | 3 | C | S | c | s |
| 0100 | EOT | DC4 | $ | 4 | D | T | d | t |
| 0101 | ENQ | NAK | % | 5 | E | U | e | u |
| 0110 | ACK | SYN | & | 6 | F | V | f | v |
| 0111 | BEL | ETB | ' | 7 | G | W | g | w |
| 1000 | BS | CAN | ( | 8 | H | X | h | x |
| 1001 | HT | EM | ) | 9 | I | Y | i | y |
| 1010 | LF | SUB | * | : | J | Z | j | z |
| 1011 | VT | ESC | + | ; | K | [ | k | { |
| 1100 | FF | FS | , | < | L | \ | l | | |
| 1101 | CR | GS | - | = | M | ] | m | } |
| 1110 | SD | PS | . | > | N | ^ | n | ~ |
| 1111 | SI | US | / | ? | O | — | o | DEL |

雷锋精神是永恒的，是社会主义核心价值观的生动体现。我们要做雷锋精神的种子，把雷锋精神广播在祖国大地上。

#### 1.2.6.2 国标码和区位码

**1. 国标码**

汉字信息交换码简称为交换码，也叫作国标码（GB 2312-80），是指每个汉字在计算机中占用两个字节的存储空间。我国为每个汉字在计算机中匹配了一个唯一的16位二进制数，称为国际标（GB 2312-80）。

（1）国标码规定了744个字符编码，其中有682个非汉字图形符和6763个汉字代码。国标码一级常用字3755个，二级常用字3008个。一级常用字按照汉语拼音字母排序，二级常用字按照偏旁部首排序，部首顺序按笔画多少排序。

（2）两个字节存储一个国标码，每个字符的最高位都是0。国标码的编码范围是2121H～7E7EH。

**2. 区位码**

区位码由94个区号（行号）和94个位号（列号）构成。区号和行号分别代表该汉字所处的行和列的位置，如"中"的区位码为（5448）$_{10}$。

与西文的ASCII码表类似，国标码也有张码表，7445个国标码被放在一个94行×94列的表中。其中每一行称为汉字的"区"，用区号表示；每一列称为汉字的"位"，用位号表示。一个汉字的区号和位号的组合就是该汉字的"区位码"。

**3. 区位码和国标码之间的转换步骤**

（1）将十进制的区号和位号分别转换为十六进制。

（2）将转换后的十六进制的区号和位号分别加上20H，就成为该汉字的国标码，即汉字国标码＝区位码的十六进制区位号数＋2020H。

#### 1.2.6.3 其他汉字编码

汉字编码包括汉字输入码、汉字内码、汉字字形码和汉字地址码等。

（1）汉字输入码。汉字输入码也称外码，是由键盘上的字符和数字组成的，目前流行的编码方案如下。

1）声码：全拼输入法、双拼输入法等。

2）形码：五笔输入法。

3）音形码：自然码输入法。

（2）汉字内码。汉字内码是在计算机内部对汉字进行存储、处理的汉字代码，它应能满足存储、处理和传输的要求。当一个汉字输入计算机并转换为内码后，才能在机器内传输和处理。内码需要两个字节存储，每个字节以最高位置"1"作为内码的标识。国标码和内码的关系可以表示为：汉字的内码＝汉字的国标码＋8080H。

（3）汉字字形码。汉字字形码又称为汉字字模，用于汉字在显示屏或打印机输出。汉字字形码通常有两种表示方式，即点阵和矢量。

1）用点阵表示字形时，汉字字形码指的就是这个汉字字形点阵的代码。根据输出汉字的要求不同，点阵的多少也不同。简易型的汉字为16×16点阵，普通型的汉字为24×24点阵，提高型的汉字为32×32点阵、48×48点阵等。点阵规模越大，字形就越清晰美观，所占用的存储空间也就越大。其缺点是字形放大后产生的效果较差。

2）矢量表示方式存储的是描述汉字字形的轮廓特征，当要输出汉字时，通过计算机的计算，由汉字字形描述生成所需大小和形状的汉字点阵。矢量化字形描述与最终文字显示的大小、分辨率无关，因此可以产生高质量的汉字输出。

（4）汉字地址码：汉字地址码是指汉字库中存储汉字字形信息的逻辑地址码。需要向输出设备输出汉字时，必须通过地址码。汉字库中，字形信息都是按照一定顺序连续存放在存储介质上的，所以汉字地址码也大多是连续有序的，而且与汉字内码间有着简单的对应关系，以便简化汉字内码到汉字地址码的转换。

# 任务 1.3 计算机的安全与病毒

任务1.3 ▶

## 1.3.1 使用环境

一个良好的环境是计算机正常工作的基础。计算机对环境条件的要求有如下几条。

（1）环境温度：计算机在室温10～30℃之间一般都能正常工作。

（2）环境湿度：在安装计算机的房间内，其相对湿度最高不能超过80%，否则会使计算机内各部件表面结露，使元器件受潮、变质，严重时会造成短路而损坏机器。

（3）洁净要求：计算机机房应该保持洁净。

（4）电源要求：计算机对电源的基本要求是：一是电压要稳，二是在计算机工作期间不能断电。

## 1.3.2 计算机病毒及其防治

随着计算机技术的迅速发展，计算机应用领域的不断扩大，使计算机在现代社会中占据的地位越来越重要。与此同时，计算机应用的社会化与计算机系统本身的开放性，也带来了一系列新问题。计算机病毒的出现使计算机的安全性遇到了严重挑战，信息化社会面临严重的威胁。

### 1.3.2.1 计算机病毒的概念

计算机病毒是一段可执行程序，它的危害性很大，能对计算机系统进行各种破坏。它的主要特点有传染性、潜伏性、激发性、破坏性。

青年最富有朝气、最富有梦想。中国的未来属于年轻一代，世界的未来属于年轻一代。

### 1.3.2.2　计算机病毒的分类

（1）根据计算机病毒的表现性质，可将其分为良性的和恶性的。

（2）根据计算机病毒被激活的时间，可将其分为定时的和随机的。

（3）根据入侵系统的途径，可将其分为源码病毒、入侵病毒、操作系统病毒和外壳病毒。

（4）根据计算机病毒的传染方式，可将其分为磁盘引导区传染的病毒、操作系统传染的病毒以及可执行程序传染的病毒。

### 1.3.2.3　计算机病毒的检测与清除

1. 计算机病毒的检测

病毒是靠复制自身来传染的。计算机染上病毒或在病毒传播的过程中，计算机系统往往会出现一些异常情况，用户可通过观察系统出现的症状，从中发现异常，以初步确定用户系统是否已经受到病毒的侵袭。

2. 计算机病毒的清除

如果发现了计算机病毒，应立即清除。清除病毒的方法通常有两种：人工处理和利用杀病毒软件处理。

3. 计算机病毒的防范

杀病毒软件可用于病毒的检测和清除，除此之外还有各种防病毒卡。这些卡可以直接插在微型机的扩展槽中，既可以检测已经侵入的病毒，也可以防止病毒的侵入，从而使计算机系统得到有效的保护。

项目

1

计算机基础知识

17

# 项目 2
# Windows10 操作系统

**项目导读**

　　计算机通过操作系统对硬件资源和软件资源进行统一的管理和控制，使人机交互变得更加简单和快捷。操作系统是计算机中最重要的系统软件，目前微型计算机使用的主流操作系统是微软公司推出的 Windows 10。本项目主要介绍 Windows 10 操作系统的基本操作、个性化设置、账户创建、文件和文件夹的管理及软件的安装与卸载等。

**教学目标**

- 了解 Windows 10 操作系统。
- 掌握 Windows 10 桌面和账户的设置。
- 掌握使用"文件资源管理器"或"此电脑"管理文件、文件夹。
- 掌握应用程序的安装与卸载。

## 任务 2.1　了解 Windows 10 操作系统

【知识导入】

　　鼠标的基本操作：指向、释放、单击、双击、右击、拖动。

（1）指向。移动鼠标，将计算机中的鼠标指针移动到指定对象上。

（2）释放。松开按住的鼠标左键即为释放。

任务2.1 ▶

（3）单击。将鼠标指向某一对象，用食指按下鼠标左键，然后快速松开。单击可以用来选定对象或打开菜单项。

（4）双击。将鼠标指向某一对象，用食指快速地连续按下鼠标左键两次。双击主要用来打开一个对象。

（5）右击。将鼠标指向某一对象，用中指按下鼠标右键然后松开。右击主要用来打开快捷菜单。

（6）拖动。将鼠标指向要移动的对象，用食指按住鼠标左键不放，移动鼠标将该对象移到指定位置后释放鼠标左键。拖动主要是用来移动窗口、图标等。

## 2.1.1 启动与退出 Windows 10

### 2.1.1.1 启动 Windows 10

步骤1：在确保电源供电正常，各电源线、数据线及外部设备在连接无误的情况下，首先按下显示器的电源按钮开启显示器，然后按下主机的电源按钮，系统自检通过，内核文件及系统服务加载完后即进入启动界面，如图2.1所示。

步骤2：登录后，打开欢迎界面，如图2.2所示。此时在欢迎界面上按住鼠标左键向上拖动，或按键盘上任意键，可进入登录界面。

图2.1　Windows 10启动界面

图2.2　Windows 10欢迎界面

步骤3：系统进入登录界面后，用户输入账号与登录密码，单击右侧箭头按钮，系统进行账号密码比对工作，如图2.3所示。

步骤4：密码验证通过后，Windows 10进入系统桌面，如图2.4所示。

图2.3　Windows 10账号登录界面

图2.4　Windows 10系统桌面

### 2.1.1.2 退出 Windows 10

1. 鼠标操作法

步骤1：在桌面中，单击任务栏左下角的"开始"按钮，在开始菜单中，选择"电源"选项，如图2.5所示。

步骤2：在打开的子菜单中，选择"关机"选项，如图2.6所示。

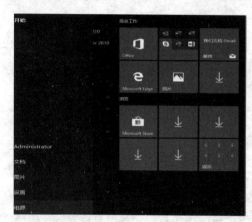

图2.5　开始菜单

图2.6　关机界面

2. 组合键操作法

步骤1：在桌面中按下快捷键<Ctrl+Alt+Delete>调出功能菜单，如图2.7所示。

步骤2：然后单击右下角的电源功能按钮，在快捷菜单中选择"关机"选项，如图2.8所示。

图2.7　功能菜单界面

图2.8　关机界面

3. 对话框操作法

步骤1：在传统桌面上按下<Alt+F4>组合键，打开"关闭Windows"对话框，如图2.9所示。

步骤2：在"关闭Windows"对话框的下拉列表中，选择"关机"选项后，单击"确定"按钮。

#### 4. 输入命令文本法

在Windows 10任意界面按下<Win+R>组合键，调出"运行"对话框，在"打开"后面的文本框中输入命令文本"shutdown –s –t 0"后，单击"确定"按钮，可即时关机，如图2.10所示。

图2.9　关闭Windows对话框

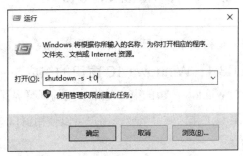

图2.10　运行对话框

## 2.1.2　认识Windows 10桌面

### 2.1.2.1　桌面背景

桌面背景是指在电脑系统中显示的画面，Windows 10默认的桌面背景如图2.11所示。

### 2.1.2.2　桌面图标

在桌面背景上显示的应用程序或对象的快捷方式的图标即为桌面图标。双击桌面图标即可打开这些图标对应的程序或窗口，如图2.12所示。

图2.11　桌面背景

图2.12　桌面图标

### 2.1.2.3　任务栏

默认情况下，任务栏位于桌面的最底端。任务栏左侧的图标为Windows键和快捷工具，中间是快速启动区，单击相应的图标可以快速切换到对应的程序窗口，右侧是系统图标显示区，有网络状态、系统音量、时间日期、输入法等图标，如图2.13所示。

项目 2　Windows10 操作系统

21

图2.13　任务栏

### 2.1.3　认识 Windows 10 窗口

运行程序或打开文档时，Windows系统在桌面上呈现的供用户使用的矩形区域称为窗口。

#### 2.1.3.1　Windows 10 窗口的组成

Windows 10的窗口是指使用的屏幕界面，由标题栏、快速访问工具栏、菜单栏、项目工具、工作区域等组成，用户可以使用窗口对各种资源进行管理。Windows 10窗口如图2.14所示。

1. 标题栏

窗口最上方的区域即为标题栏，主要显示了当前目录的位置，如果是根目录，则显示对应的分区号。在标题栏右侧为"最小化""最大化/还原""关闭"按钮。通过拖放标题栏可以把窗口移动到任意位置，双击标题栏空白区域，可以把窗口设置成最大化或还原。

2. 快速访问工具栏

在标题栏左侧的按钮区域称为快速访问工具栏。默认的图标功能为查看属性和新建文件夹。

用户可以单击快速访问工具栏右侧的下拉按钮，从下拉列表中勾选需要在快速访问工具栏上出现的功能选项，完成设置工具栏位置的操作，如图2.14所示。

3. 菜单栏

菜单栏位于标题栏的下方，显示针对当前窗口或窗口内容的一些常用操作工具菜单选项。通过单击具体菜单来打开下拉列表，实现各种操作，如图2.14所示。

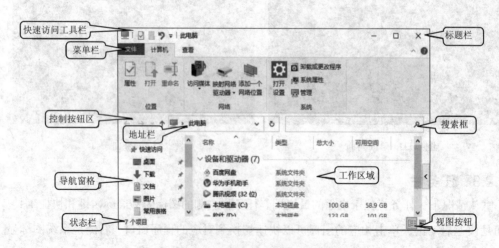

图2.14　窗口

### 4. 项目工具

项目工具位于菜单栏的右侧，在标题栏上使用粉红色背景和具体的功能名称显示，如图2.15所示。用户在选中了具体的文件后，项目工具就会出现，用户单击项目工具的标签，在下拉列表中选择需要实现的功能。

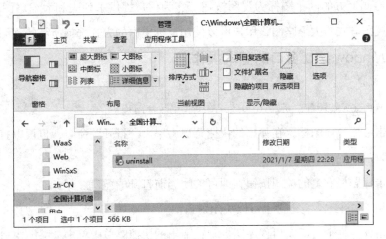

图2.15　项目工具

### 5. 工作区域

在窗口中央显示各种文件或执行某些操作后，显示内容的区域叫作窗口的工作区域。如果窗口内容过多，则会在窗口右侧或下方出现滚动条，用户可以使用鼠标拖动滚动条来查看更多内容。

### 6. 导航窗格

在工作区域的左侧显示计算机中多个具体位置的区域叫导航窗格。用户可以使用导航窗格快速定位到需要的位置来浏览文件或完成文件的常用操作。

### 7. 控制按钮区

在导航窗格上方的图形按钮区域即为控制按钮区，主要功能是实现目录的后退、前进或返回上级目录。单击前进按钮后的下拉菜单可以看到最近访问的位置信息，在需要进入的目录上单击，即可快速进入。

### 8. 地址栏

控制按钮区右侧的矩形区域即为地址栏，它显示从根目录开始到现在所在目录的路径，用户可以单击各级目录名称访问上级目录。单击地址栏的路径显示文本框，直接输入要查看的路径目录地址，可以快速到达要访问的位置。

### 9. 搜索框

在地址栏右侧的为搜索框，在搜索栏中输入需要查找信息的关键字，可实现快速筛选、定位文件。

10. 状态栏

窗口最下方的矩形条即为状态栏，它用来显示用户选择内容的数量、容量等属性信息，供用户参考。

11. 视图按钮

状态栏右侧上方的两个图标为视图按钮，它为用户提供了列表和大缩略图两种视图类型。默认的视图方式是大缩略图，用户可以使用鼠标单击的方式选择所需的视图方式。

## 2.1.3.2　Windows 10 窗口的基本操作

1. 打开窗口

（1）在 Windows 10中，双击应用程序图标可打开窗口。

（2）右击应用程序图标，在弹出的快捷菜单中单击"打开"命令，也可以打开窗口。

2. 关闭窗口

（1）单击标题栏右侧的关闭按钮，即可关闭当前打开的窗口。

（2）使用<Alt+F4>组合键也可以关闭窗口。

（3）右击任务栏上对应窗口程序图标，在弹出的快捷菜单中单击"关闭窗口"命令。

3. 调整窗口大小

（1）最大化/最小化窗口。

1）窗口的最大化/最小化可以单击标题栏右侧的"最大化""最小化"按钮来实现。也可以双击标题栏在最大化与还原窗口之间进行切换。

2）按住标题栏拖动窗口到屏幕顶端至以气泡形状显示的边框与屏幕边框重合时，释放鼠标左键即可完成窗口最大化操作。

（2）任意改变窗口大小。

1）将鼠标移到窗口任意一个角上，当鼠标指针变成双向箭头时，按住鼠标左键拖动到需要大小时松开鼠标左键即可。

2）也可以把鼠标移动到窗口的任意一条边上，当鼠标指针变成双向箭头时，按住鼠标左键上下或左右拖动，可改变窗口的高度或宽度。

（3）窗口贴边显示。当用户需要同时处理两个窗口时，可以把窗口同时并列显示。按住对应窗口的标题栏，拖动到屏幕左右边缘，当出现窗口气泡时，松开鼠标左键即可。

（4）垂直显示窗口。移动鼠标指针到窗口的上边缘或下边缘，当指针变为双向箭头后，按住鼠标左键拖动到屏幕的上下边缘，当出现窗口气泡时，松开鼠标左键即可。

（5）排列窗口。Windows 10提供了"层叠窗口""堆叠显示窗口""并排显示窗口"三种排列方式，可以对窗口进行不同的排列，方便用户对窗口的浏览与操作，提高工作效率。

右击任务栏空白区域，在弹出的快捷菜单中单击相关命令即可实现相关操作。

1）层叠窗口：执行该命令后窗口以上下层的关系排列。

计算机应用基础教程（Windows 10+WPS Office 2019）

2）堆叠显示窗口、并排显示窗口：执行命令后系统将所有打开的窗口同时堆叠或并排显示在桌面上。

（6）切换窗口。Windows 10虽然允许打开多个窗口，但同一时刻只能在一个窗口上进行操作，即活动窗口上操作。因此用户需要经常性地切换窗口来完成不同的工作。窗口切换有以下三种方式：

1）通过鼠标进行切换：在打开多个窗口后，只要在需要进行工作的窗口中的任意位置单击，该窗口就会出现在所有窗口的最上面。

2）通过<Alt+Tab>组合键进行切换：在按住<Alt>键的同时，按下<Tab>键，系统会启动预览界面，各窗口会以缩略图的形式进行显示。用户可以通过逐次按下<Tab>键来进行窗口的选择，最后松开<Tab>和<Alt>键即可完成窗口的切换。

3）通过缩略图切换：将鼠标移到任务栏上，系统将以缩略图的方式显示所有此程序打开的窗口，用户将鼠标移动到对应的缩略图上，单击即可切换到该窗口。

## 2.1.4 认识Windows 10对话框

在Windows操作系统中，还有一种特殊的窗口——对话框，它为人机交互提供了友好的操作界面。不同程序提供的对话框会有所不同，但它的基本组成和使用方法大致一样。Windows的对话框一般由选项卡、单选按钮、复选框、下拉按钮、文本框、按钮等构成，如图2.16所示。

### 2.1.4.1 选项卡

每一个对话框中都有若干个选项卡，用来分组整理各种功能选项。在进行设置时，只需根据需要切换到不同的选项卡即可进行设置，如图2.17所示。

图2.16 对话框

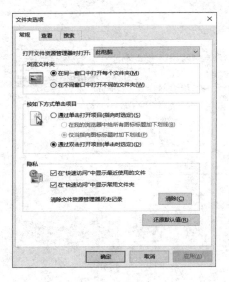

图2.17 选项卡

项目 2 Windows10 操作系统

25

### 2.1.4.2　单选按钮

选项卡下的某一选项区域中有多个选项，每个选项前都有单选框〇，表示这些选项之间是冲突的，用户每次只能单击单选框选取其中一项，如图2.18所示。

### 2.1.4.3　复选框

某一选项区域中有多个选项，每个选项前都有复选框"□"，表示这些选项之间没有冲突，用户每次可单击若干复选框选取多项来实现多种功能的共存，如图2.19所示。

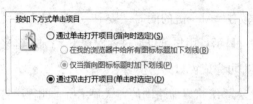

图2.18　单选按钮

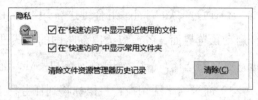

图2.19　复选框

### 2.1.4.4　下拉按钮

类似按钮的形状，但按钮右侧有一个向下的三角符号按钮叫作下拉按钮，单击该按钮弹出下拉列表供用户选择，如图2.20所示。

### 2.1.4.5　文本框

用户可直接输入文本参数的方框叫作文本框，如图2.21所示。

### 2.1.4.6　按钮

对话框中用来作为启动或确定功能使用的叫作按钮，如图2.22所示。

图2.20　下拉按钮

图2.22　按钮

图2.21　文本框

# 任务 2.2　设置 Windows 10 桌面和账户

## 【知识导入】

（1）分辨率：是指显示器所能显示的像素多少，是显示器性能的一个重要指标。分辨率越高，画面就越精细。

（2）账户是具有某些系统权限的用户ID号，同一系统的每个用户都有不同的账户名。在整个系统中，权限最高的账户叫管理员账户。系统通过不同的账户，赋予这些用户不同的运行权限，不同的登录界面，不同的文件浏览权限等。

任务2.2

Windows 10系统中有以下四种不同类型的账户：

（1）管理员账户：也叫Administrator账户，是系统中权限最高的账户，该账户能对计算机做任何设置操作，包括更改安全设置、安装软件和硬件以及访问计算机上的所有文件操作。

（2）标准用户账户：该账户是用管理员账户创建的，也称受限账户。该账户只能对计算机做基本操作及简单的个人管理。

（3）来宾账户：用于远程登录的网上用户访问系统，也叫Guest账户。具有最低的权限，不能对系统进行修改，只能执行最低限度操作，默认处于不启用状态。

（4）微软账户：以上三种账户属于本地账户，而微软账户属于网络账户，可以保存用户的设置，并上传至服务器。

## 2.2.1　设置个性化桌面

### 2.2.1.1　设置桌面背景

步骤1：在桌面背景空白处右击，在弹出的快捷菜单中单击"个性化"命令，如图2.23所示。

步骤2：在弹出的个性化窗口中，单击"背景"选项，在窗口右侧区域单击喜欢的背景图案，即可把所选图案设置为桌面背景，如图2.24所示。

### 2.2.1.2　设置屏幕分辨率

步骤1：右击桌面空白区域，在弹出的快捷菜单上单击"显示设置"命令，打开显示设置窗口，如图2.25所示。

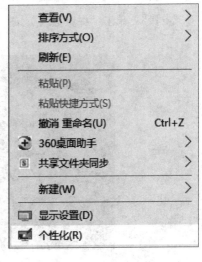

图2.23　个性化命令

一般青年的任务，尤其是共产主义青年团及其他一切组织的任务，可以用一句话来表示，就是要学习。

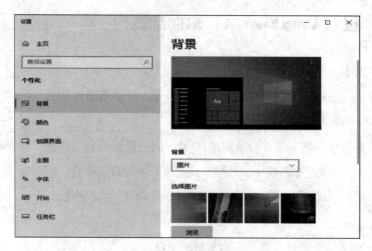

图2.24　设置背景

图2.25　显示设置窗口

步骤2：在"系统"界面中，单击"显示"选项窗格右侧的"显示分辨率"下拉按钮，选择合适的分辨率，系统提示"是否保留这些显示设置？"，如图2.26所示。

步骤3：单击"保留更改"按钮，完成分辨率设置。

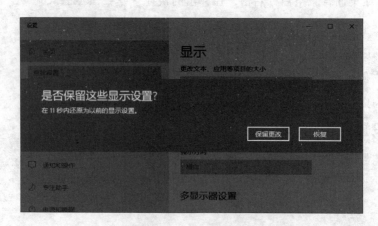

图2.26　系统提示窗口

## 2.2.2 设置桌面图标

### 2.2.2.1 添加常用桌面图标

Windows 10操作系统安装后，桌面上一般只有"此电脑"和"回收站"两个图标，用户可根据需要添加"用户的文件""控制面板""网络"图标。

步骤1：在桌面背景空白处右击，在弹出的快捷菜单中选择"个性化"命令，单击左侧的"主题"链接，单击右侧"相关的设置"中的"桌面图标设置"，如图2.27所示。

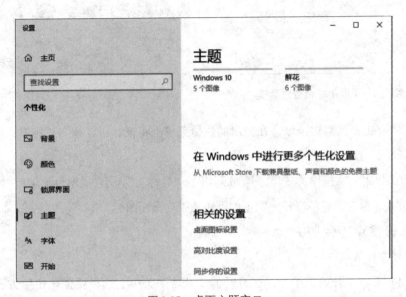

图2.27  桌面主题窗口

步骤2：在弹出的桌面图标设置对话框中，单击要添加图标前的复选框，选定后复选框变为"☑"，然后单击"应用"按钮，最后单击"确定"按钮完成添加，如图2.28所示。

### 2.2.2.2 更改桌面图标

步骤1：右击桌面空白区域，在弹出的快捷菜单上单击"个性化"命令，弹出个性化设置窗口，如图2.27所示。

步骤2：单击"个性化"窗口左侧"主题"链接，单击右侧"相关的设置"下"桌面图标设置"，打开桌面图标设置对话框，如图2.28所示。

步骤3：在桌面图标设置对话框中，单击列表框中要更改的图标，然后单击"更改图标"按钮，打开"更改图标"对话框，通过"浏览"方式或从列表中选择一个图标，单击"确定"按钮完成图标更改，如图2.29所示。

### 2.2.2.3 排列桌面图标

当桌面图标比较混乱时，可用"排序方式"命令将桌面图标按用户想要的方式进行快速排列。

我们不仅要有政治上、文化上的巨人，我们同样需要有自然科学和其他方面上的巨人。

图 2.28　桌面图标设置对话框

图 2.29　更改图标对话框

步骤 1：右击桌面空白区域，在弹出的快捷菜单上将鼠标指针指向"排序方式"命令，如图 2.30 所示。

步骤 2：弹出的"排序方式"子菜单列出了"名称""大小""项目类型""修改日期"四种排列方式，根据需要单击任一选项即可快速排列桌面图标。

### 2.2.2.4　设置桌面快捷方式

1. 通过开始菜单添加

单击 Windows（开始）图标，在打开的"开始"菜单上选择要创建快捷方式的程序，按住鼠标左键拖放到桌面上即可。

2. 通过"新建"命令添加

步骤 1：右击桌面空白区域，在弹出的快捷菜单上指向"新建"，弹出子菜单（级联菜单），如图 2.31 所示。

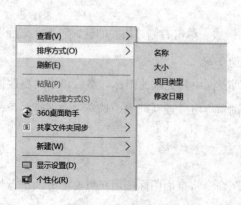

图 2.30　排序方式菜单

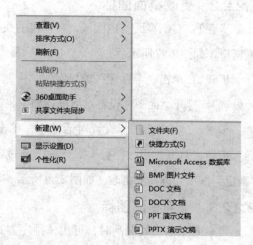

图 2.31　新建菜单

步骤2：单击子菜单（级联菜单）上的"快捷方式"，打开创建快捷方式对话框，直接输入或通过"浏览"方式输入要创建快捷方式的程序的路径，如图2.32所示。

步骤3：单击"下一步"按钮，输入快捷方式名称，单击"完成"按钮完成添加，如图2.33所示。

图2.32　创建快捷方式对话框

图2.33　输入快捷方式名称对话框

## 2.2.3　添加与删除字体

### 2.2.3.1　添加字体

步骤1：从网站下载需要安装的字体，右击该安装字体，在弹出的快捷菜单上单击"安装"命令。

步骤2：弹出"正在安装字体"对话框，片刻后完成字体安装。

### 2.2.3.2　删除字体

步骤1：双击桌面上"控制面板"图标，打开"控制面板"窗口，单击"查看方式"下拉按钮，在弹出的菜单上单击"大图标"选项，如图2.34所示。

步骤2：单击下拉列表中"字体"链接，打开"字体"窗口，如图2.35所示。

图2.34　控制面板窗口

图2.35　字体窗口

步骤3：右击要删除字体的图标，在弹出的快捷菜单上单击"删除"命令，弹出"删除字体"对话框，单击"是，我要从计算机中删除此整个字体集"按钮完成字体删除，如图2.36所示。

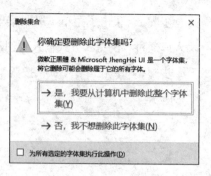

### 2.2.4 设置账户

步骤1：双击桌面上的"控制面板"快捷图标，在打开的"控制面板"窗口中将视图方式设置为"大图标"模式，如图2.37所示。

图2.36 删除字体对话框

步骤2：单击"用户账户"链接，打开"用户账户"窗口，如图2.38所示。

图2.37 控制面板窗口

图2.38 用户账户窗口

图2.39 添加新用户窗口

步骤3：若需创建新的用户账户，单击"管理其他账户"，打开"管理账户"窗口，单击"在电脑设置中添加新用户"进行操作，如图2.39所示。

步骤4：若要更改账户图片，单击"在电脑设置中更改我的账户信息"进行操作。

步骤5：账户创建后，可在"管理其他账户"窗口中单击某账户，打开"更改某账户"窗口，对账户进行"更改账户名称"、"创建密码"、"更改账户类型"等设置。

步骤6：若要删除已创建的账户，单击"用户账户"窗口中的"管理其他账户"选项，在打开的"管理账户"窗口中单击要删除的账户，然后在新的窗口中单击"删除账户"。

> **提示**
>
> 删除已建账户hull前，Windows会自动将要删除账户的桌面和文档、收藏夹、音乐、图片、视频文件夹的内容保存到桌面上一个名为"hull"的新文件夹。但Windows无法保存要删除账户的电子邮件和其他设置。

# 任务2.3 管理文件与文件夹

任务2.3 ▶

## 【知识导入】

对文件或文件夹进行操作前，首先要选定即将进行操作的文件或文件夹。文件、文件夹的选定有以下5种方式。

1.选择单个文件或文件夹

用鼠标直接单击要选定的文件或文件夹图标，被选定的文件或文件夹以蓝色突出显示。

2.选择多个连续的文件或文件夹

首先单击要选择的第一个文件或文件夹，然后按住<Shift>键，再单击最后一个要选择的文件或文件夹。

3.选择多个不连续的文件或文件夹

首先单击要选定的一个文件或文件夹，然后按住<Ctrl>键，再依次单击要选定的其余文件或文件夹。

4.选择多个相邻的文件或文件夹

把鼠标指针指向窗口空白区域按住鼠标左键移动鼠标，框选所有要选择的文件或文件后释放鼠标。

5.选择全部文件或文件夹

（1）使用鼠标拖曳选择。将鼠标指针指向要选择的第一个文件或文件夹前，按住鼠标左键不放，拖动鼠标将所有要选的文件或文件夹框住，松开鼠标左键即完成选定操作。

（2）使用<Ctrl+A>快捷键选择。使用<Ctrl+A>组合键，可快速选择当前窗口中的全部文件或文件夹。

（3）使用菜单栏选择。在菜单栏的"主页"选项，在弹出的选项卡中，单击"全部选择"按钮，也可以选择全部文件或文件夹。

## 2.3.1 浏览文件与文件夹

### 2.3.1.1 在"此电脑"窗口中浏览文件与文件夹

通过"此电脑"窗口的导航窗格和主界面，可以直接访问磁盘上的文件和文件夹，下面介绍具体浏览方法。

步骤1：双击桌面上的"此电脑"图标，打开"此电脑"窗口。

步骤2：在左侧导航窗格中，列出了系统默认的目录。

步骤3：单击左侧导航窗格中的目录，在右侧工作区显示当前目录包含的所有操作对象。

步骤4：在"此电脑"的地址栏中，单击任意目录右侧的黑色下拉箭头，弹出子菜单。单击子菜单上的任意目录可直接跳转到对应的文件夹，如图2.40所示。

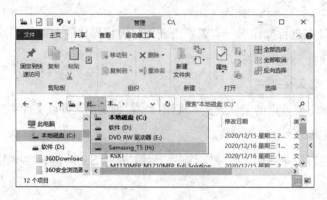

图2.40　此电脑窗口

### 2.3.1.2　使用"文件资源管理器"浏览文件与文件夹

使用Windows 10的文件资源管理器，可以查看计算机所有文件与文件夹组成的树形文件系统结构，方便用户清楚地了解文件、文件夹所处结构和位置。

步骤1：右击"开始"图标，在弹出的菜单上单击"文件资源管理器"选项，打开资源管理器窗口，如图2.41所示。

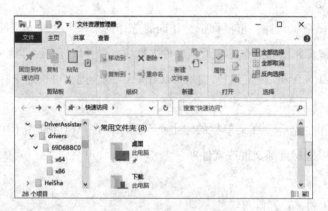

图2.41　文件资源管理器窗口

步骤2："文件资源管理器"窗口与"此电脑"窗口界面基本相同，可以看到系统提供的树形文件系统结构，用户可以非常方便地查看计算机中的文件和文件夹。

## 2.3.2　文件与文件夹的基本操作

### 2.3.2.1　新建文件或文件夹

在使用计算机的过程中，除了系统自带或自动创建的文件或文件夹外，用户也会创建自己需要的文件或文件夹，并通过建立文件夹的方式将文件进行分类操作。下面介绍新建文件、文件夹的操作方法。

1. 新建文件

新建文件有以下3种方法：

（1）在桌面或任意文件夹中右击，在弹出的快捷菜单上选择"新建"命令，在子菜单中单击要创建的文档类型，输入文件名，单击该文件图标外的任意位置或按回车键确认。

（2）打开应用程序，输入数据后，单击菜单栏中的"文件"选项，单击"保存为"命令打开对话框，选择保存路径并输入文件名，单击"保存"按钮。

（3）单击菜单栏中的"主页"选项卡，在弹出的菜单上单击"新建项目"按钮，单击要创建的文件类型，输入文件名，单击该文件图标外的任意位置或按回车键确认。

2. 新建文件夹

新建文件夹有以下3种方法：

（1）在系统桌面或任意文件夹中右击，在弹出的快捷菜单中选择"新建"命令，在子菜单中单击"文件夹"命令，输入文件夹名称，单击该文件夹图标外的任意位置或按回车键确认。

（2）单击菜单栏中的"主页"选项卡，在弹出的菜单上单击"新建文件夹"按钮，输入文件夹名称，单击该文件夹图标外的任意位置或按回车键确认。

（3）单击窗口左上角的"新建文件夹"按钮，也可以快速创建文件夹。

## 2.3.2.2　重命名文件或文件夹

用户可根据需要，对文件或文件夹名进行重命名操作。对文件或文件夹进行重命名的操作相同。

1. 使用快捷菜单重命名

右击需要重命名的文件或文件夹，单击"重命名"命令，输入新的名称，单击该文件或文件夹图标外的任意位置或按回车键确认。

2. 使用菜单命令重命名

单击菜单栏中的"主页"选项卡，在弹出的菜单上单击"重命名"按钮，输入新的名称，单击该文件或文件夹图标外的任意位置或按回车键确认。

## 2.3.2.3　删除文件或文件夹

对于没用的文件或文件夹，可以进行删除操作。文件和文件夹的删除操作相同，有以下方法：

1. 使用快捷菜单删除

右击需要删除的文件或文件夹，在弹出的快捷菜单中单击"删除"命令。

得其大者可以兼其小，未有学其小而能至其大者也。

2. 使用菜单命令删除

选中文件或文件夹后，单击菜单栏中的"主页"选项卡，在弹出的菜单上单击"删除"按钮。

> **提示**
>
> 直接选中文件或文件夹并拖动到"回收站"图标上，或选中文件或文件夹后按下<Delete>键，也可以删除文件或文件夹。Windows 10没有删除提示，用户可在菜单栏的"主页"选项卡单击"删除"下拉按钮，选择"显示回收确认"选项进行添加。

### 2.3.2.4 恢复删除的文件或文件夹

对于常规删除的文件或文件夹，可通过恢复功能进行恢复。

1. 使用快捷菜单恢复

双击桌面上的"回收站"图标，在打开的"回收站"窗口中右击需要恢复的文件或文件夹，单击弹出的快捷菜单上的"还原"命令即可恢复。

2. 使用菜单命令恢复

双击桌面上的"回收站"图标，在打开的"回收站"窗口右侧选定需要恢复的文件或文件夹，单击菜单栏上的"回收站工具"，在弹出的菜单上单击"还原选定的项目"命令即可恢复。

> **提示**
>
> 回收站也支持批量还原，在打开的"回收站"窗口中，单击菜单栏上的"回收站工具"，在弹出的菜单上单击"还原所有项目"。另外，在弹出的菜单上单击"清空回收站"可对回收站进行清空操作。

### 2.3.2.5 移动文件或文件夹

1. 使用鼠标拖曳移动

在原文件夹中选定需要移动的文件或文件夹，按住鼠标左键拖动到目标文件夹上，松开鼠标左键即可。

2. 使用"剪切""粘贴"命令移动

步骤1：打开"此电脑"或"文件资源管理器"窗口，在左侧窗格中找到包含有移动对象的文件夹单击选定，在右侧窗口中选定需要移动的文件或文件夹。

步骤2：单击菜单栏的"主页"选项，在弹出的菜单上单击"剪切"按钮，或使用<Ctrl+X>组合键进行剪切操作，此时被选定的文件以半透明状态显示。

步骤3：在左窗格中找到目标文件夹单击选定，单击菜单栏的"主页"选项，在弹出的菜单上单击"粘贴"按钮，或使用<Ctrl+V>组合键进行粘贴操作。

3. 使用"移动到"选项移动

步骤1：打开"此电脑"或"文件资源管理器"窗口，在左侧窗格中找到包含有移动对象的文件夹单击选定，在右侧窗口中选定需要移动的文件或文件夹。

步骤2：单击菜单栏的"主页"选项，在弹出的菜单上单击"移动到"按钮，在弹出的下拉菜单中单击移动到的位置或"选择位置"命令。

步骤3：在打开的"移动项目"对话框中单击需要移动到的位置或输入新的文件夹名，单击"移动"或"新建文件夹"按键即可移动到指定位置或移动到新创建的文件夹中。

### 2.3.2.6 复制文件或文件夹

1. 使用<Ctrl>键＋鼠标拖曳复制

在原文件夹中选定需要复制的文件或文件夹，按住<Ctrl>键后按住鼠标左键拖动到目标文件夹上，然后松开鼠标左键和<Ctrl>键即可。

2. 使用"复制""粘贴"命令复制

步骤1：打开"此电脑"或"文件资源管理器"窗口，在左侧窗格中找到包含有复制对象的文件夹单击选定，在右侧窗口中选定需要复制的文件或文件夹。

步骤2：单击菜单栏的"主页"选项，在弹出的菜单上单击"复制"按钮，或使用<Ctrl+C>组合键进行复制操作。

步骤3：在左窗格中找到目标文件夹单击选定，单击菜单栏的"主页"选项，在弹出的菜单上单击"粘贴"按钮，或使用<Ctrl+V>组合键进行粘贴操作。

3. 使用"复制到"选项复制

步骤1：打开"此电脑"或"文件资源管理器"窗口，在左侧窗格中找到包含有复制对象的文件夹单击选定，在右侧窗口中选定需要复制的文件或文件夹。

步骤2：单击菜单栏的"主页"选项，在弹出的菜单上单击"复制到"按钮，在弹出的下拉菜单中单击复制到的位置或"选择位置"命令。

步骤3：在打开的"复制项目"对话框中单击需要复制到的位置或输入新的文件夹名，单击"移动"或"新建文件夹"按键即可复制到指定位置或复制到新创建的文件夹中。

4. 使用鼠标右键拖动复制

在打开的"此电脑"或"文件资源管理器"右窗口中，选定需要移动的文件或文件夹，鼠标指向选定的任意对象后按住右键拖动到左窗格目标文件夹上，此时鼠标指针下出现"复制到……"，松开鼠标右键，在弹出的快捷菜单上单击"复制到当前位置"命令即可。

### 2.3.2.7 设置文件或文件夹的只读、隐藏属性

文件或文件夹除了具有创建时的类型、位置、大小、占有空间等属性外，用户还可根

据需要设置只读、隐藏、共享、压缩或加密等属性。

步骤1：右击要设置属性的文件或文件夹，在弹出的快捷菜单上单击"属性"命令，打开属性对话框。

步骤2：在属性对话框中，单击"常规""安全""详细信息""以前的版本"选项卡，并单击这些选项卡下的相应复选框添加属性。

步骤3：单击"应用"按钮，最后单击"确定"按钮完成设置。

> **提示**
>
> Windows系统在默认情况下不显示隐藏的文件、文件夹、驱动器，具有隐藏属性的文件、文件夹虽然存在，但不能显示出来，也不能对其进行任何操作，起到一定的保护作用。如要显示具有隐藏属性的文件、文件夹，在"资源管理器"窗口中单击"查看"选项卡，在弹出的菜单中单击"选项"命令，打开"文件夹选项"对话框。单击"查看"选项卡下的列表框中的"显示隐藏的文件、文件夹和驱动器"单选按钮，单击"应用"按钮，最后单击"确定"按钮完成设置。

#### 2.3.2.8 搜索文件

当用户不知道文件名，也不知道文件在计算机中的具体位置时，可打开"资源管理器"窗口，在搜索框中输入要搜索的内容，系统会搜索所有驱动器中包含此关键词的文件，并把搜索到的文件用黄色加亮显示。

具有隐藏属性的文件或文件夹不能通过搜索功能查找，须在"资源管理器"窗口中利用"查看"选项卡设置"显示隐藏的文件、文件夹和驱动器"属性后才能搜索出来。或在"资源管理器"窗口中，单击"查看"选项卡，在"显示/隐藏"选项组中单击"隐藏的项目"复选框，即可显示隐藏的文件。

# 任务 2.4  安装与卸载应用程序

## 2.4.1  安装搜狗拼音输入法软件

任务2.4 ▶

步骤1：鼠标双击搜狗拼音输入法的安装文件sogou_pinyin_setup，打开搜狗拼音输入法安装向导，如果不需要更改安装位置，则单击"立即安装"按钮，如图2.42所示。

步骤2：如果需要更改安装位置，则单击"自定义安装"按钮，在安装位置框中输入安装路径后单击"立即安装"按钮，如图2.43所示。

步骤3：等待安装完成，弹出"安装完成"对话框，完成软件安装，如图2.44所示。

步骤4：单击"立即体验"按钮即可打开"个性化设置向导"，进行相关设置，如图2.45所示。

图 2.42　安装向导窗口 1

图 2.43　安装向导窗口 2

图 2.44　安装完成窗口

图 2.45　个性化设置向导窗口 1

步骤 5：设置完相关内容后，单击"下一步"按钮继续其他项目设置。当所有项目设置完时，单击"完成"按钮关闭对话框即可使用，如图 2.46 所示。

## 2.4.2　使用 Microsoft Store 安装腾讯视频软件

图 2.46　个性化设置向导窗口 2

Windows 10 系统自带的 Microsoft Store 为台式机、平板电脑和智能手机的用户提供了方便的软件安装方式。使用 Microsoft Store 前，用户必须注册一个 Windows 账户或使用 Windows 密钥才能进行应用软件的下载安装。接下来介绍使用 Microsoft Store 安装腾讯视频软件的步骤。

步骤 1：单击"开始"按钮，打开开始菜单，如图 2.47 所示。

步骤 2：单击 Microsoft Store，打开 Microsoft Store 窗口，在搜索栏中输入"腾讯视频"，

拼搏的汗水放射着事业的光芒，奋斗的年华里洋溢着人生的欢乐。

然后单击"搜索"按钮，如图2.48所示。

图2.47　开始菜单

图2.48　Microsoft Store窗口

步骤3：搜索到"腾讯视频"软件后，单击"免费下载"按钮，打开"腾讯视频获取"窗口，如图2.49所示。

步骤4：单击"获取"按钮，打开"腾讯视频"下载窗口，单击"立即下载"按钮，等待软件下载安装完成，如图2.50所示。

图2.49　腾讯视频获取窗口

图2.50　腾讯视频下载窗口

### 2.4.3　卸载腾讯视频软件

步骤1：单击"开始"按钮，在开始菜单上单击"设置"按钮，打开"Windows 设置"窗口，如图2.51所示。

步骤2：单击"应用"链接，打开"应用和功能"窗口，在右侧区域中找到"腾讯视频"并单击，弹出下拉菜单按钮，如图2.52所示。

图2.51　Windows 设置窗口

图2.52　应用和功能窗口

步骤3：单击"卸载"按钮，弹出信息卸载提示框，如图2.53所示。

步骤4：单击"卸载"按钮，弹出"腾讯视频"修复、卸载对话框，单击"卸载选项"，并单击勾选"删除设置，看单，看过等功能数据"选项，如图2.54所示。

图2.53　卸载提示框

图2.54　卸载对话框

步骤5：单击"继续卸载"按钮，即开始卸载软件，如图2.55所示。

步骤6：卸载完成后，"关闭"按钮呈深黑色，单击"关闭"按钮关闭窗口，完成卸载，如图2.56所示。

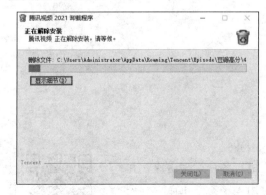

图2.55　卸载程序窗口1

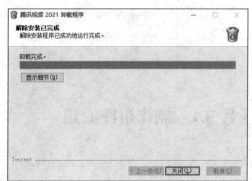

图2.56　卸载程序窗口2

# 项目 3
# WPS 文档处理

**项目导读**

　　WPS Office 是由金山软件公司自主研发的一款办公软件。WPS文档处理是一款文字处理软件，集文字的编辑、排版、表格处理、图形处理于一体，具有较强的直观性。本项目将通过实际任务来介绍WPS文档的基本应用。

**教学目标**

- 掌握文档的基本格式的设置。
- 掌握文档中编辑表格的方法。
- 掌握文档中图文混排的方法。
- 掌握文档的高级应用。

## 任务 3.1　制作讲座通知

　　学校、公司经常会邀请各行业的优秀人士进行各种类型讲座，并通过办公软件制作相应的通知，为了更好地吸引学生参与讲座，制作一份精致的通知必不可少。

　　本任务将通过制作"专家讲座消息通知"来介绍创建并保存文

任务3.1 ▶

档、文档页面设置、输入文本、编辑文本等操作。文档最终效果如图 3.1所示。

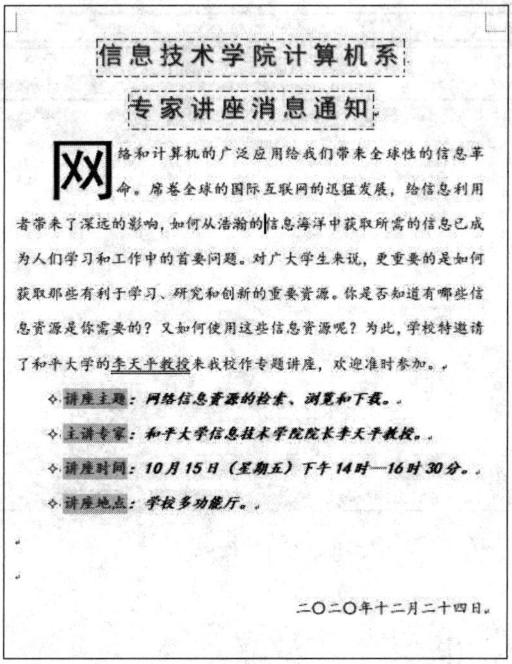
信息技术学院计算机系

专家讲座消息通知

网络和计算机的广泛应用给我们带来全球性的信息革命。席卷全球的国际互联网的迅猛发展，给信息利用者带来了深远的影响，如何从浩瀚的信息海洋中获取所需的信息已成为人们学习和工作中的首要问题。对广大学生来说，更重要的是如何获取那些有利于学习、研究和创新的重要资源。你是否知道有哪些信息资源是你需要的？又如何使用这些信息资源呢？为此，学校特邀请了和平大学的李天平教授来我校作专题讲座，欢迎准时参加。

- 讲座主题：网络信息资源的检索、浏览和下载。
- 主讲专家：和平大学信息技术学院院长李天平教授。
- 讲座时间：10月15日（星期五）下午14时—16时30分。
- 讲座地点：学校多功能厅。

二〇二〇年十二月二十四日

图3.1　专家讲座消息通知效果图

## 3.1.1　工作界面

打开WPS文档即进入工作界面，其主要由快速访问工具栏、选项卡、功能区、编辑区和状态栏等组成，如图 3.2所示。

（1）快速访问工具栏：用于放置使用频率较高的命令按钮，可以快速执行相应的命令。单击“自定义快速访问工具栏”按钮，可自行添加或删除其中的命令按钮。

（2）选项卡、功能区：功能区以选项卡的方式分类放置编辑文档时常用的命令。通过单击选项卡可切换到不同的功能区页面，从而显示不同的命令集；在每一个选项卡中，有若干不同的组。某些组的右下角有一个“对话框启动器”按钮，单击该按钮可打开相应的对话框或窗格。

（3）编辑区：编辑区是窗口的主体部分，是页面空白的区域，该区域用于显示文档内容、文本输入以供编辑和排版。在编辑区中有一个不停闪烁的竖线，称为插入点，用于确定当前的编辑位置。

（4）状态栏：位于主窗口的底部，其左侧显示了当前文档的状态和相关信息，例如，文档的页数、当前所在页面、文档字数等。右侧显示视图的模式切换按钮及视图显示比例调整工具。

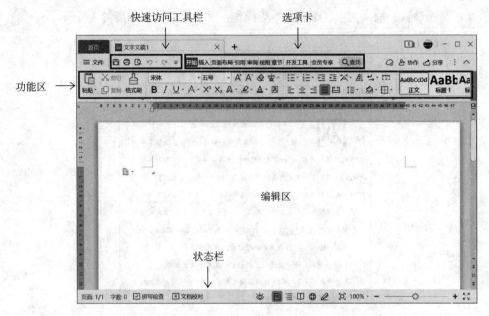

图 3.2　工作界面

## 3.1.2　文档的基本操作

### 3.1.2.1　启动与关闭 WPS 软件

1. 启动 WPS 软件

安装 WPS 2019 后，可用多种方法启动其中的程序。

（1）桌面上的 WPS 快捷方式。

（2）选择"开始"—"所有程序"—"WPS Office"。

（3）直接双击扩展名为".wps"的文件，启动 WPS，并打开该文件。

（4）在 Windows 操作系统"开始"菜单的搜索框中输入"WPS"。

2. 关闭 WPS 软件

关闭 WPS 的方法：

（1）单击标题栏中的"关闭"按钮。

（2）切换到"文件"选项卡，选择"退出"命令。

（3）按<Alt+F4>组合键直接关闭。

### 3.1.2.2　创建文档

步骤1：启动 WPS 2019，在打开的主界面中单击左侧或上方的"新建"按钮，如图 3.3 所示。

步骤2：在打开的界面上方，保持"W文字"图标（图3.4）选中状态，单击"新建空白文档"。WPS 2019 随即创建一个空白文档，默认名称为"文字文稿1"。

图 3.3　新建文档

图 3.4　新建空白文档

除了用上述方法新建空白 WPS 文档外，还可以通过下面 3 种方法创建。

（1）在打开的 WPS 文档中单击标题选项卡右侧的"＋"按钮，可以打开新建文档界面。

（2）在打开的 WPS 文档中按下 <Ctrl+N> 组合键，可直接创建一个空白的 WPS 文档。

（3）在操作系统桌面或文件夹窗口空白处右击鼠标，在弹出的快捷菜单中选择"新建"—"DOCX 文档"命令，即可创建一个空白的 WPS 文档。

### 3.1.2.3　保存文档

对于新建的文档，需要进行保存操作后才能将其以文件的形式存储在计算机中，以便日后使用或继续编辑。要保存文档，只需单击窗口左方快捷工具栏中的"保存"按钮，在弹出的"另存为"对话框中设置保存路径、文件名和文件类型，然后单击"保存"按钮即可。

在文档编辑过程中，需要随时对文档进行保存，以防止因断电、死机或系统异常等情况而造成信息丢失。对已有文档再次进行保存时，不会再弹出"另存为"对话框，而是直接覆盖原文档。如果需要将文档另行保存（如改名、改保存位置等），可单击左上角的"文件"按钮，然后在打开的菜单中选择"另存为"命令，在"另存为"对话框中选择保存位置、保存类型或文件名称，最后单击"保存"按钮。

### 3.1.2.4　打开文档

如果要打开现有文档进行查看或编辑，可单击界面左上角"文件"按钮，在展开的下拉列表中选择"打开"选项，打开"打开"对话框，或在 WPS 窗口中按下 <Ctrl+O> 组合键，可直接弹出"打开"对话框。然后在位置下拉列表中指定文件的位置，在下方的列表中选择文件名称，最后单击"打开"按钮，如图 3.5 所示。

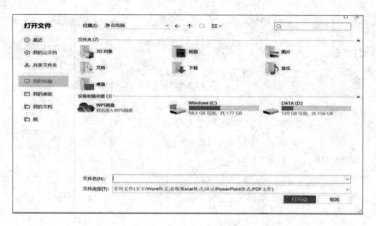

图 3.5　"打开"对话框

### 3.1.3　调整窗口的显示比例

WPS 文档中调整窗口的显示比例有以下 3 种方式：

（1）按住 <Ctrl> 键，然后滚动鼠标滑轮即可调整窗口的显示比例。

（2）切换到"视图"选项卡，单击"显示比例"按钮可对窗口的显示比例做出调整。

（3）通过窗口下方状态右侧的显示比例控件，拖动其中的滑块可以任意调整显示比例，或直接单击控件两侧的"+""−"按钮将以每次 10% 缩小或放大显示比例。"−"左侧的按钮是显示当前窗口的比例值，单击比例值将弹出"显示比例"列表，可以从中选择要设置的显示比例，如图 3.6 所示。

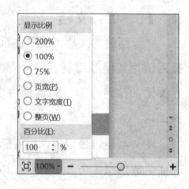

图 3.6　状态栏"显示比例"控件

### 3.1.4　输入文本内容和符号

#### 3.1.4.1　视图

针对用户在编辑或查阅文档时的不同需要，WPS2019 提供了全屏显示、阅读版式、写作模式、页面、大纲和 Web 版式的工作环境，各视图模式可以开启或关闭护眼模式。在"视图"选项卡中单击相应的视图按钮，如图 3.7 所示，或在状态栏右侧单击相应的视图按钮，即可在不同的视图模式之间切换。

图 3.7　"视图"选项卡

（1）全屏显示：将编辑区全屏显示。

（2）阅读版式：这种视图模式模拟阅读图书的方式，将两页文档的内容同时显示在一个视图窗口中，从而方便阅读。

（3）写作模式：这种视图模式会打开"目录"任务窗格，可以对章节与书签进行管理，模拟编写图书方式，用分节符划分章节。

（4）页面：页面是最常用的视图模式，它显示出来的文档和打印出来的效果基本一致，文档中的页眉、页脚、页边距、图片及其他元素均会显示在正确的位置。

（5）大纲：大纲视图主要用于快速浏览和编排长文档。在该视图模式下，用户不但可以快速查看文档的结构，还可以通过拖动标题来重新组织文档的结构。

（6）Web版式：利用Web版式视图可以预览文档在Web浏览器中的显示效果，它适用于创建和编辑Web页。

## 3.1.4.2 在文档中定位插入点

在文档编辑区中不断闪烁的竖线，即为插入点，输入文字的前提是确定光标的位置，插入点所在的位置即为文本输入的位置。切换到自己常用的输入法，即可输入相应的文本内容。在输入文本的过程中，光标插入点会自动向右移动。当一行的文本输入完毕后，光标会自动转到下一行。在没有输入满一行文字的情况下，若需要开始新的段落，可按<Enter>键进行换行。

单击编辑区即可实现光标的定位。用户也可以使用键盘按键控制光标的位置，具体方法见表3.1。利用垂直滚动条进行屏幕的滚动。

表3.1　　　　　　　　　　　　键盘按键控制光标

| 键盘按键 | 作　用 | 键盘按键 | 作　用 |
|---|---|---|---|
| <↑↓←→> | 光标上、下、左、右移动 | <Shift+F5> | 返回到上次编辑的位置 |
| <Home> | 光标移至行首 | <End> | 光标移至行尾 |
| <PgUp> | 向上滚一屏 | <PgDn> | 向下滚一屏 |
| <Ctrl+↑> | 光标移至上一段的段首 | <Ctrl+↓> | 光标移至下一段的段首 |
| <Ctrl+←> | 光标向左移动一个词 | <Ctrl+→> | 光标向右移动一个词 |
| <Ctrl+PgUp> | 光标移至上页顶端 | <Ctrl+PgDn> | 光标移至下页顶端 |
| <Ctrl+Home> | 光标移至文档起始处 | <Ctrl+End> | 光标移至文档结尾处 |

如果要定位到特定位置，切换到"开始"选项卡，单击"编辑"组中的"查找替换"命令下拉列表中点击"定位"命令，即可打开"查找和替换"对话框，如图3.8所示。在"定位目标"列表框中选择定位类型，然后在右侧的文本框内输入具体数值，单击"下一处"按钮即可。

### 3.1.4.3　在文档中插入特殊符号

将插入点定位至目标位置，切换至"插入"选项卡，单击"符号"下拉按钮，从下拉列表中选择已使用过的符号或"自定义"符号，如果未发现所需符号，就选择"其他符号"命令，弹出"符号"对话下拉列表中选择符号的字体，从"子集"下拉列表中选择符号的种类，单击"插入"命令即可，如图3.9所示。

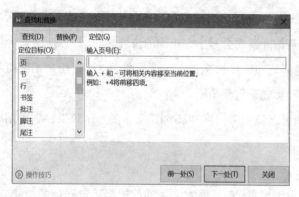

图3.8　利用对话框实现光标定位　　　　图3.9　插入符号

**1．快速插入当前日期**

将插入点定位至目标位置，切换至"插入"选项卡，单击"日期"命令按钮，弹出"日期和时间"对话框，在"可用格式"列表框中选择日期格式，单击"确定"按钮即可。

**2．在文档中插入数学公式**

切换到"插入"选项卡，单击"公式"，在弹出的公式编辑器中进行公式的输入与编辑，如图3.10所示。

**3．插入已存在文档的内容**

在WPS 2019中可以在当前文档中直接导入已有文档的内容，切换到"插入"选项卡，单击"对象"下拉按钮，从下拉列表中选择"文件中的文字"选项，在弹出的"插入文件"对话框中选择目标文档，单击"插入"按钮返回文档即可，如图3.11所示。

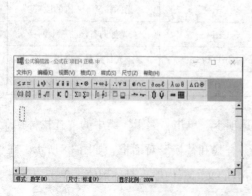

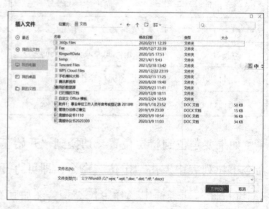

图3.10　公式编辑器　　　　　　　图3.11　插入其他文件中的文字

## 3.1.5　编辑文档内容

### 3.1.5.1　选取文本

利用选中区选取。选中区是指正文文本左边的空白区。在该区域中，指针会变成向右，当单击鼠标左键，即选取对应的一行；当双击鼠标左键，即选取对应的一段；当三击鼠标左键，即选取全篇文档。用鼠标与键盘配合选取文本的方法见表3.2。

表3.2　　　　　　　　　　　鼠标与键盘配合选取文本的常用方法

| 选取对象 | 操作方法 | 选取对象 | 操作方法 |
|---|---|---|---|
| 任意字符 | 鼠标左键拖动选取 | 字或单词 | 双击该字或单词 |
| 一行文本 | 单击该行左侧的选中区 | 多行文本 | 在选中区鼠标左键拖动 |
| 连续的文本区域 | 单击文本开始处，按<Shift>键不放，单击文本结尾 | 多个不连续区域 | 选中一个区域后按下<Ctrl>键不放，再选其他区域 |
| 矩形文本区域 | 按住<Alt>键，再用鼠标拖动 | 多个段落 | 在选中区拖动鼠标 |

### 3.1.5.2　复制文本

在编辑文档过程中，遇到需要重复输入的内容，通过复制操作可提高编辑效率。方法主要有以下4种。

（1）通过功能命令：选中要复制的文本内容，点击"开始"选项卡，单击"复制"命令，然后将光标移至目的位置，单击"粘贴"命令。

（2）通过快捷菜单：步骤同上，只是提取命令时通过鼠标右击弹出的快捷菜单。

（3）通过组合键：步骤同上，"复制"命令用<Ctrl+C>组合键，"粘贴"命令用<Ctrl+V>组合键。

（4）通过<Ctrl>键+鼠标拖动：选中复制的文本后按住<Ctrl>键拖动指针，到达目的位置后，先释放鼠标，再释放<Ctrl>键。

若相同文本要复制多次，只需复制一次，后进行多次的粘贴即可。

### 3.1.5.3　移动文本

在编辑文档过程中，遇到需要将部分内容移动到其他位置，可通过剪切、粘贴操作完成。方法主要有以下4种。

（1）通过功能命令：选中要复制的文本内容，点击"开始"选项卡，单击"剪切"命令，然后将光标移至目的位置，单击"粘贴"命令。

（2）通过快捷菜单：步骤同上，只是提取命令时通过鼠标右击弹出的快捷菜单。

（3）通过组合键：步骤同上，"复制"命令用<Ctrl+X>组合键，"粘贴"命令用<Ctrl+V>组合键。

（4）通过鼠标拖动：选中要移动的文本直接通过鼠标拖动。

#### 3.1.5.4 删除文本

选取要删除的对象，用 <Backspace> 键或 <Delete> 键。当不选取文本时，用 <Backspace> 键将删除插入点左侧的内容；用 <Delete> 键将删除插入点右侧的内容。

### 3.1.5.5 撤销与恢复操作

在编辑文档的过程中，难免出现错误操作，而程序会自动记录执行的操作，当执行了错误操作时，可通过撤销功能来撤销前一操作，从而恢复到误操作之前的状态，可单击快速访问工具栏中的"撤销"按钮或按下 <Ctrl+Z> 组合键。

撤销某一操作后，可通过恢复功能取消之前的撤销操作，可单击快速访问工具栏中的"恢复"按钮或按下 <Ctrl+Y> 组合键。

单击"撤销"按钮右侧的下拉按钮，将弹出包含此前每一次操作的列表。其中最新一次的操作在最顶端。移动指针选定其中的多次连续操作，然后单击即可将它们一起撤销。

### 3.1.5.6 查找文本

在"开始"选项卡中单击"查找替换"命令，弹出"查找和替换"对话框，如图 3.12 所示。在"查找"选项卡的"查找内容"文本框中输入要查找的文本，单击"查找下一处"，当查找到对应的结果后，会自动跳转到结果所在的页面，并选中相应的文本；若查找的文本不存在，将弹出对话框，提示"已完成对文档的搜索，未找到搜索项"。如要继续查找，则继续单击"查找下一处"按钮；单击"取消"按钮，对话框将关闭，同时，插入点停留在当前查找到的文本处。

### 3.1.5.7 替换文本

在"开始"选项卡中单击"查找替换"下拉列表中的"替换"命令，弹出"查找和替换"对话框，如图 3.13 所示，在"替换"选项卡的"查找内容"文本框中输入要替换的文本，在"替换为"文本框中输入替换后的内容，单击"全部替换"按钮，若查找的文本存在，则实现了全部替换。如果要部分替换，则首先单击"查找下一处"按钮找到目标内容，若要进行替换单击"替换"按钮；然后继续单击"查找下一处"按钮，如此反复即可。

如果要根据某些条件（如格式）进行替换，可单击下方格式对替换的对象设置相应的格式形式后再进行替换。

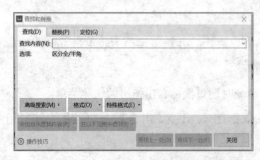

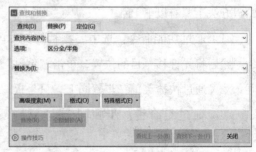

图 3.12　查找和替换对话框（查找）　　　　图 3.13　查找和替换对话框（替换）

## 3.1.6 设置文本格式

图3.14 字体对话框

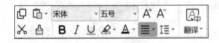

图3.15 浮动工具栏

### 3.1.6.1 设置字体、字号及字形

文档中输入文本后，默认显示的字体为"宋体"，字号为"五号"，颜色为"黑"，根据文档的需要，可以对文本格式进行设置。

"开始"选项卡"字体"组中包含了最基本的设置文本格式功能，从"字体""字号"组合框中选择向其中输入所需的选项，即可快速设置文本的字体与字号。

字形是文本的加粗、倾斜、下划线、上标和下标等。在"字体"组中单击设置字形的命令按钮，即可为选定的文本设置所需的字形。如果要取消某种字形效果，则在选定文本区域后，再次单击相应的工具按钮即可。也可使用字体对话框进行格式的设置，通过<Ctrl+D>组合键或点击"字体"组右下角的对话框启动器按钮。在对话框中包含了"中文字体""西方文字体"的字号、字体及各种特殊效果的设置，如图3.14所示。

在选定目标文本后，指针的上方将出现浮动工具栏，如图3.15所示。其具有一些与"字体""段落"中常用的格式设置命令按钮。

### 3.1.6.2 设置字符缩放和字符间距

选中要设置字符间距的文本，打开"字体"对话框，切换到"字符间距"选项卡，如图3.16所示，在"间距"下拉列表中选择需要的类型，如"加宽"，在其后的"值"数值框中输入间距值，设置完成后点击"确定"按钮。

## 3.1.7 设置段落格式

段落是文本、图形、对象及其他项目的集合。段落最后有一个回车符，称为段落标记。段落的格式设置包括设置段落的缩进、对齐方式、间距与行距、边框底纹、项目符号等。

图3.16 设置字符间距

### 3.1.7.1 设置段落缩进

文本与页面边界之间的距离称为段落缩进，包括左缩进、右缩进、首行缩进和悬挂式缩进。

（1）左缩进：指整个段落左边界距离页面左侧的缩进量。

（2）右缩进：指整个段落右边界距离页面右侧的缩进量。

（3）首行缩进：指段落首行第一个字符的起始位置距离页面左侧的缩进量。一般文档缩进两个字符。

（4）悬挂缩进：指段落中除首行以外的其他行距离页面左段的缩进量。

段落缩进设置的方法包括使用功能区工具、"段落"对话框、水平标尺和制表位。注意的是要设置之前务必将光标定位或选中要设置的段落。具体操作如下。

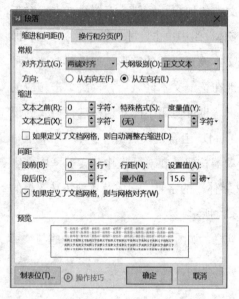

图 3.17 段落对话框

（5）使用功能区工具。点击"开始"选项卡，单击段落组中的"增加缩进量"或"减少缩进量"按钮。

（6）使用"段落"对话框。通过"段落"对话框启动器或右击鼠标，在弹出的快捷菜单中选择"段落"命令，打开"段落"对话框，如图3.17所示，在"缩进和间距"选项卡的"缩进"选项组中可进行设置，其中"文本之前"代表左缩进，"文本之后"代表右缩进；在"特殊格式"下拉列表中可以选择"首行缩进"或"悬挂缩进"命令。

（7）通过水平标尺设置。标尺如图3.18所示。

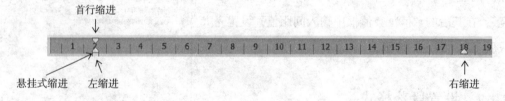

图3.18 标尺

（8）使用制表位设置。制表位是对齐文本的有力工具，用于指定水平标尺上的位置。打开"段落"对话框中的"制表位"，打开"制表位"对话框。在"制表位位置"组合框中输入制表位的位置值，"对齐方式"栏中选择制表位的类型，在"前导符"栏中选择前导符样式，设置完成后单击"确定"按钮。

#### 3.1.7.2　设置段落对齐方式

段落的对齐方式有左对齐、居中对齐、右对齐、两端对齐和分散对齐，分别与"开始"选项卡中的5个对齐方式按钮相对应。

要设置段落对齐方式时，只需将光标定位到需要设置的段落中，或选中要设置的段落，然后在"开始"菜单中单击相应的对齐按钮即可。

#### 3.1.7.3　设置段落间距与行距

段落间距是指当前段落与其前后段落之间的距离。行距是指段落内部各行之间的距离。使用功能区命令和"段落"对话框均可设置段落间距和行距，方法为：将光标定位到要设置间距和行距的段落中，或选中要设置的段落，打开"段落"对话框，在"缩进和间距"选项卡的"间距"栏中设置，如图3.19所示。

#### 3.1.7.4　设置段落边框和底纹效果

在制作文档时，为了突出显示重点内容，或美化段落文本，可以对段落设置边框或底纹效果。

设置底纹和边框时可直接点击"开始"选项卡中的"边框"下拉按钮。在弹出的下拉列表中选择"边框和底纹"命令，弹出"边框和底纹"对话框，在对话框中分别选择"边框"和"底纹"选项卡即可进行设置，如图3.20所示。

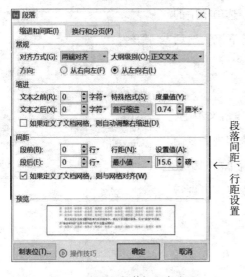

图3.19　设置段落间距与行距　　　　　图3.20　边框和底纹对话框

#### 3.1.7.5　设置项目符号与编号

项目符号是放在文本前以强调效果的点或其他符号；编号是放在文本前具有一定顺序的字符。

设置项目符号时选中目标段落，点击"开始"选项卡中"段落"组中的"插入项目符号"右侧的下拉按钮，从中选择相应格式，如不满意，可选择"自定义项目符号"命令进行设置，如图3.21（a）所示。

设置编号时选中目标段落，点击"开始"选项卡中"段落"组中的"编号"右侧的下拉按钮，从中选择相应编号样式，如不满意，可选择"自定义编号"命令进行设置，如图3.21（b）所示。

（a）设置项目符号

（b）设置编号

图3.21 设置项目符号和编号

### 3.1.7.6 设置段落的首字下沉

将光标定位在相应的段落中，点击"插入"选项卡中的"首字下沉"命令。弹出如图3.22所示的"首字下沉"对话框，即可进行相应的设置。

### 3.1.7.7 复制文本或段落的格式

要将指定段落、文本格式快速复制到其他段落文本上，可以通过"开始"选项卡中的"格式刷"按钮来实现。复制一次格式时，只需先选中所需格式的文本，然后单击"格式刷"，再选中目标文本即可；双击"格式刷"按钮，可进行多次的格式复制。

图3.22 首字下沉

## 3.1.8 实例解析

### 3.1.8.1 输入通知内容

启动WPS文字处理软件后，选择"插入"选项卡—"对象"—"文件中的文字"，在打开的"插入文件"对话框中找到并选中素材文件"专家讲座消息通知.txt"后，点击"插入"命令按钮。

光标定位在文档最后，在"插入"选项卡中，点击"日期"命令按钮，在弹出的"日期时间"对话框的可用格式框中选择相符的格式，点击"确定"。

### 3.1.8.2　设置字体格式

（1）标题字。选中标题文字，并设置为黑体、二号、蓝色、加阴影。光标定位在"专家"前按<Shift+Enter>组合键强行换行。

（2）标题后的正文文字。选中标题后的正文文字，并设置为楷体、四号字。

（3）利用<Ctrl>键分别选中"讲座主题""主讲专家""讲座时间""讲座地点"几个标题，并将其设置为红色，加粗，并加白色、背景1、深色15%的底纹。

（4）"讲座主题""主讲专家""讲座时间""讲座地点"几个标题后的文字加粗、倾斜。

### 3.1.8.3　段落格式设置

（1）标题段。选中标题段，设置居中，并打开"开始"选项卡—"边框和底纹"命令，选择"边框和底纹"对话框中的"边框"选项卡，设置方框，线型为点横虚线，颜色为蓝色，线宽为1.5磅，应用于"文字"。

（2）正文段落。选中正文段落，打开"段落"对话框，设置缩进特殊格式为"首行缩进"2个字符。

（3）光标定位在第一段中，选择"插入"选项卡—"首字下沉"，打开"首字下沉"对话框中，设置"下沉"，字体"黑体"，下沉行数"二行"，距正文"0.1厘米"。

（4）选中"讲座主题""主讲专家""讲座时间""讲座地点"几个段落，切换至"开始"选项卡中的项目符号，选择"◇"符号。

（5）设置时间段右对齐。

───── ∥ 练　习 ∥ ─────

（1）替换带格式的文本。

（2）输入公式：$\frac{1}{x}=b^2+\frac{-b\pm\sqrt{b^2-4ac}}{2a}$。

───── ∥ 思考与练习 ∥ ─────

**理论题**

1. 新建WPS空白文档的方法有哪些？

2. 如何添加自定义项目符号和编号？

3. 如何同时设置文档中中文和英文字体？

**实训题**

1. 打开文档"WPS1.docx"，在其中完成下列操作并保存文档。

（1）将文中所有的"电脑"一词替换为"计算机"。

（2）在文档的第一段前加标题"多媒体系统的特征"，字体设为黑体、三号字、蓝色，字符间距为3磅，居中，并给文字添加黄色底纹和蓝色双线边框，段后间距2.5行。

（3）设置正文各段文字中的中文字体为仿宋，英文字体为Arial，四号字，各段首行缩进2个字符，行间距为1.4倍行距。

（4）给最后的三段分别添加编号"1、""2、""3、"。

# 任务 3.2　制作个人简历

个人简历是介绍自己的一份简要材料，包含个人基本信息、工作学习经历、成就等信息，本任务通过制作"个人简历"介绍在文档中创建表格、编辑表格，以及对表格进行设置的方法，最终文档效果如图3.23所示。

任务3.2

## 3.2.1　创建和删除表格

在WPS中创建表格的方法有多种，其中最常用的是插入表格和绘制表格。

### 3.2.1.1　插入表格

将插入点移到目标位置，在"插入"选项卡中单击"表格"下拉按钮，在示意表格中拖动鼠标，选择表格的行数和列数后，释放鼠标按键即可插入简单表格。

或在展开的列表中选择"插入表格"选项，打开"插入表格"对话框，在其中输入表格的列数和行数，然后"确定"即可，如图3.24所示。

### 3.2.1.2　绘制表格

在"插入"选项卡中单击"表格"下拉按钮，在展开的列表中选择"绘制表格"选项，这时鼠标指针变为笔形状，在空白处拖动鼠标即可创建表格。

### 3.2.1.3　删除表格

当文档中不再需要某表格时，将插入点置于表格中，切换到"表格工具"选项卡，单

图3.23　个人简历效果图

计算机应用基础教程（Windows 10+WPS Office 2019）

击"删除"下拉按钮，从下拉列表中选择"删除表格"选项如图3.25所示。

图3.24 插入表格

图3.25 删除整个表格

## 3.2.2 编辑表格

### 3.2.2.1 选择表格区域

对表格的编辑依然遵循"先选中，后操作"的原则，选取表格的方法如下。

（1）选择单个单元格：将鼠标指针指向某单元格的左侧，待指针呈黑色箭头时，单击鼠标左键可选中该单元格。

（2）选择连续的单元格：将鼠标指针指向某个单元格的左侧，当指针呈黑色箭头时按住鼠标左键并拖动，或借助<Shift>键选择连续的多个单元格（方法：选择第一个单元格，按住<Shift>键后选择要选区域内的最后一个单元格）。

（3）选择分散的单元格：选中第一个要选择的单元格后按住<Ctrl>键不放，然后依次选取其他分散的单元格即可。

（4）选择行：将鼠标指向某行的左侧，待指针呈白色向右的箭头时，单击鼠标左键即可选中该行。

（5）选择列：将鼠标指向某列的上方，待指针呈黑色向下的箭头时，单击鼠标左键即可选中该列。

（6）选择整个表格：将鼠标指向表格中时，表格左上角会出现"⊞"标志，单击该标志，即可选中整个表格。

### 3.2.2.2 调整行高与列宽

（1）粗略调整：将鼠标指针移到要调整的行或列的边线上方，待鼠标指针变为"⬛"或"⬛"形状时按住鼠标左键并拖动，可粗略地调整表格的行高或列宽。

（2）精确调整：选中需要调整的行或列，在"表格工具"选项卡中的"高度"或"宽度"编辑框中输入相应的数值即可。

（3）平均分布各行或各列：在"表格工具"选项卡中单击"自动调整"下拉按钮，在展开的列表中选择"平均分布各行"或"平均分布各列"选项可平均分布各行或列。

### 3.2.2.3　合并与拆分单元格

（1）合并单元格：是指将矩形区域的多个单元格合成较大的单元格。方法为：选中需要合并的连续单元格，然后切换至"表格工具"选项卡，单击"合并单元格"按钮，或右击所选单元格，在弹出的快捷菜单中选择"合并单元格"命令。

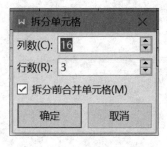

图3.26　拆分单元格

（2）拆分单元格：是指将单元格拆分为几个较小的单元格。方法为：选中需要拆分的单元格，然后切换至"表格工具"选项卡，单击"拆分单元格"按钮，或右击所选单元格，在弹出的快捷菜单中选择"拆分单元格"命令，在弹出的"拆分单元格"对话框中，输入拆分的行数和列数后确定即可，如图3.26所示。

（3）拆分表格：是把一个表格分成两个表时，将插入点置于要拆分为第二个表格的首行或首列的任意单元格中，然后中在"表格工具"选项卡中单击"拆分表格"下拉按钮，在展开的列表中选择"按行拆分"或"按列拆分"选项。

### 3.2.2.4　插入或删除单元格

（1）插入单元格：插入单元格时，在目标位置的左边或上方选定相应数目的单元格，然后在"表格工具"选项卡中单击相应按钮，或右击所选单元格，在弹出的快捷菜单中选择"插入"选项，然后在展开的列表中选择相应选项，如图3.27所示。

（2）删除单元格：选中要删除的单元格，在"表格工具"选项卡中单击"删除"下拉按钮，在弹出的快捷菜单中选择"删除单元格"选项，如图3.28所示。

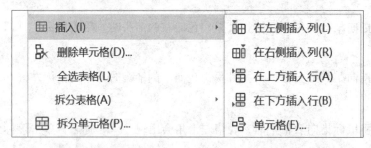

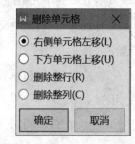

图3.27　插入单元格列表　　　　　　　　　图3.28　删除单元格

（3）插入行和列：可以使用以下4种方法在表格中插入行或列。

1）选中一行或一列，右击鼠标，从快捷菜单中选择如"插入"—"在上方插入行"的命令。

2）单击某个单元格，切换到"表格工具"选项卡，单击"在上方插入"或"在下方插入"按钮，即可在相应位置插入一行。插入列时，单击"在左侧插入"或"在右侧插入"按钮即可。

3）切换到"表格工具"选项卡，单击"行和列"组中的"对话框启动器"按钮，在

"插入单元格"对话框中选中"整行插入"或"整列插入"单选按钮。

4）将插入点移到表格右下角的单元格中，然后按<Tab>键（或将插入点置于表格最后一行右侧的行结束处，然后按<Enter>键），在表格的最后插入空行。

（4）删除行和列：右击选定的行或列，从快捷菜单中选择"删除行"或"删除列"命令。或者将插入点置于要删除行或列的任意单元格中，切换到"表格工具"选项卡，单击"删除"按钮，从下拉列表中选择"删除行"或"删除列"选项。

## 3.2.3 美化表格

### 3.2.3.1 使用"表格样式"

表格样式是对表格的字符字体、颜色、底纹、边框套用预设的格式。无论是新建的空表，还是已经输入数据的表格，都可以使用样式来设置格式，方法是将光标定位到表格中，切换到"表格样式"选项卡，在左侧的选项组中勾选需要的表格样式特征，如"首行填充"等，设置完成后展开表格样式列表，在其中选择需要的样式。

### 3.2.3.2 设置表格边框

WPS 2019默认情况下的表格边框设置为0.5磅的黑色单实线，为了使表格更加美观，可以重新设置边框的样式。

选中需要设置边框的单元格，在"表格工具"选项卡中设置好线型、线型粗细、边框颜色后，单击"边框"按钮右侧的三角按钮，在展开的下拉列表中选择所需设置边框线的范围。或是直接选中下方的"边框和底纹"命令，在弹出的"边框和底纹"对话框中进行设置，如图3.29所示。

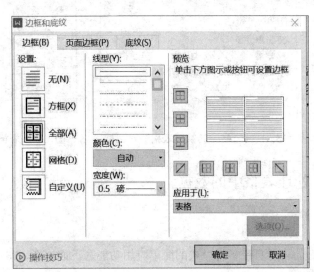

图3.29　设置表格边框

### 3.2.3.3　设置表格底纹

选中要设置底纹的单元格，切换到"表格样式"选项卡，单击"底纹"下拉按钮，在弹出的下拉列表中选择需要的填充颜色，如图3.30所示。

## 3.2.4　表格与文本互换

### 3.2.4.1　将有规律的文本内容转换为表格形式

选定相应的文本，切换到"插入"选项卡，单击"表格"按钮，从下拉列表中选择"文本转换成表格"选项，打开"将文字转换成表格"对话框，如图3.31所示。

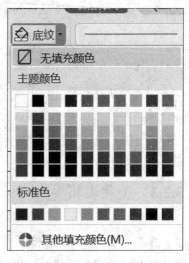

图3.30　设置表格底纹

在"表格尺寸"栏中，设置"列数"微调框中的数值；在"文字分隔位置"栏中选择文字间的分隔形式。

单击"确定"按钮，即可得到转换后的表格。

### 3.2.4.2　将表格转换成排列整齐的文档

光标定位在要转换的表格中，切换到"表格工具"选项卡，单击"表格转换成文本"按钮，打开"表格转换成文本"对话框，在"文字分隔符"栏中选择需要的分隔符号，如图3.32所示。单击"确定"按钮，转换完成。

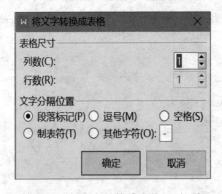

图3.31　"将文字转换成表格"对话框

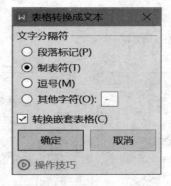

图3.32　表格转换成文本

## 3.2.5　处理表格中的数据

### 3.2.5.1　数据求和

WPS的表格自带了对公式的简单应用功能。下面以图3.33所示的学生成绩表为例介绍公式的使用方法。

| 学号 | 姓名 | 英语 | 高数 | 三论 | 总分 | 平均分 |
|------|------|------|------|------|------|--------|
| 001 | 张天 | 65 | 74 | 96 |  |  |
| 002 | 李明 | 90 | 72 | 88 |  |  |
| 003 | 吴方 | 78 | 51 | 71 |  |  |
| 004 | 沙平 | 82 | 89 | 66 |  |  |

图3.33　学生成绩表

**1. 利用"公式"计算各门课程总分**

步骤1：将光标置于学号001同学的总分处，切换到"表格工具"选项卡，单击"公式"按钮，打开"公式"对话框。

步骤2：在"公式"文本框中自动填入了默认公式"=SUM（LEFT）"，将公式中的LEFT删除，然后输入"C2：E2"，同时可以从"编号格式"下列表中选择需要的格式。

步骤3：单击"确定"按钮，求出了001的总分。以相同的方法计算其他同学的总分。

**2. 利用"快速计算"来进行各门课程的总分计算**

选中001号同学的三门课程分数及总分单元格，切换到"表格工具"选项卡，单击"快速计算"命令按钮，即可计算出001同学的总分。

### 3.2.5.2　平均值计算

步骤1：将光标置于001同学的平均分单元格中，切换到"表格工具"选项卡，单击"公式"命令按钮，打开"公式"对话框。

步骤2：将"公式"文本框中除"="外的所有字符删除，并将光标置于"="后，从"粘贴函数"下拉列表中选择"AVERAGE"选项，然后输入"C2：E2"，并从"编号格式"下拉列表中选择"0.00"选项，最后单击"确定"，计算出001同学的平均分。

### 3.2.5.3　数据排序

光标定位在表格中，切换到"表格工具"选项卡，单击"排序"按钮，打开"排序"对话框，如图3.34所示。在"主要关键字"栏中选择排序首先依据的列，从"类型"下拉列表中选择数据的类型，选中如"降序"单选按钮指定排序方法。

如有次要和第三依据的排序，分别在"次要关键字"和"第三关键字"栏中选择排序列名。

在"列表"栏中选中"有标题行"单选按钮，可以防止对表格中的标题行进行

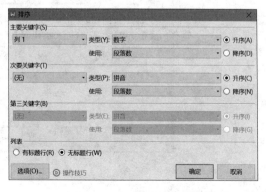

图3.34　排序对话框

排序。如果没有标题行，则选中"无标题行"单选按钮。

单击"确定"按钮，进行排序。

### 3.2.6 实例解析

（1）新建一个新的文档。

（2）插入表格标题。输入"个人简历"标题，选中标题文本，执行"开始"选项卡"字体"组进行设置字体为小初号，黑体字。"段落"组中设置标题行居中。

（3）插入表格。将光标定位在标题的下一行，切换到"插入"选项卡，单击"表格"，从下拉列表中选择"插入表格"，打开"插入表格"对话框，输入列数1，行数24后，即可插入表格。（注意：在插入表格前，建议先将字号设置为五号字体，否则插入的表格单元格高度会按小初号字设定。）

（4）设置表格的行高。选中整个表格，切换至"表格工具"选项卡，在功能区设置高度为"0.8厘米"。或者切换到"表格工具"选项卡，单击"单元格大小"组中的"对话框启动"按钮，打开"表格属性"对话框，切换到"行"选项卡，选中"指定高度"复选框，在"指定高度"微调框中输入"0.8厘米"，从"行高值是"下拉列表中选择"固定值"选项，如图3.35所示，单击"确定"按钮进行设置。

（5）拆分合并表格。第一行不变，光标定位第2行，切换到"表格工具"选项卡，单击"拆分单元格"按钮，打开"拆分单元格"对话框，如图3.36所示，在"列数"和"行数"微调框中分别输入"7"和"1"。以同样的方法，拆分下方的其他行。

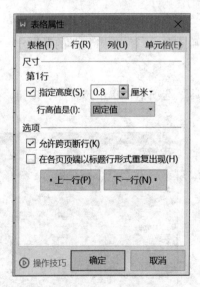

图3.35 设置行高

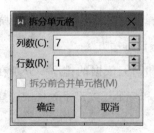

图3.36 拆分单元格

选中第2～4行最后一列的3个单元格，在选中区右击鼠标，从快捷菜单中选择"合并单元格"命令。拆分合并后的效果如图3.37所示。

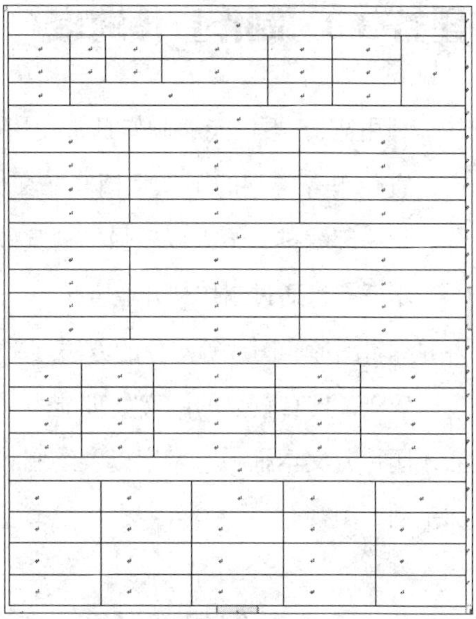

（6）在表格中输入相关内容，设置字体。"基本信息""学习经历"等标题设置为黑体，小四号字；其余字体为宋体，五号字，并全部中部居中。

（7）设置表格的边框和底纹。

1）边框的设置：选中整个表格，切换到"表格样式"选项卡，从"线型粗细"下拉列表中选择"4.5磅"，点击"边框"按钮右侧的下拉按钮，从下拉列表中选择"外侧框线"选项。

2）底纹的设置：按住 <Ctrl> 键依次选择需要填充底纹的单元格，切换到"表格样式"选项卡，点击"底纹"按键右侧的下拉按钮，选择"深灰绿，着色3"选项。

图3.37 拆分合并各行后的效果

## ∥ 练 习 ∥

（1）设置不同位置表格线的样式。

（2）在不规则的表格中进行公式计算。

## ∥ 思考与练习 ∥

**实训题**

1. 打开文档"WPS2.docx"，在其中完成下列操作并保存文档。

（1）将文档内提供的数据文本转换为7行6列的表格，并计算出各季度的总计以及各季度所占比重（其中，所占比重＝当前季度总计/全年合计，用百分比的形式表示，保留小数点后两位，如23.44%）。

（2）按"全年合计"列降序排列表格中除最后两行外的数据。

（3）设置表格列宽为2.2cm，行高为0.8cm，并使表格居中显示；设置表格中的第一行文字中部居中，设置其他各行文字中部两端对齐。

（4）设置表格外框线为红色1.5磅双线，设置内框线为蓝色1磅单实线；设置表格的第1行底纹为"浅绿，着色6，浅色40%"。

# 任务 3.3　制作宣传海报

任务 3.3 ▶

利用 WPS 不仅能够制作日常使用的文本文件，还可以制作诸如海报、宣传单等类型的图文文档。在文档中应用图形、图片等元素，配合文字一起编排，给人以较强的视觉效果

本任务将通过制作"开业宣传单"介绍在 WPS 文档中插入并编辑图形、图片等对象的方法。文档效果如图 3.38 所示。

WPS 具有较强的图文处理能力，能在文档中很方便地插入图片、文本框、艺术字以及绘制和修改形状，使文档更加生动、美观。

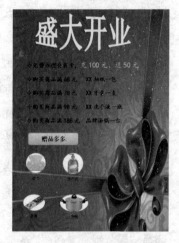

图 3.38　开业宣传单效果图

## 3.3.1　插入与编辑图片

### 3.3.1.1　插入图片

在 WPS 中图片的形式有两种，一种是系统自带的"图标"图片，一种是来自用户文件的图片。对于"图标"图片只需执行"插入"选项卡中"图标"命令下列表进行选择即可。对于插入来自用户的图片，则在"插入"选项卡中单击"图片"下拉按钮，在展开的列表中单击"本地图片"按钮，打开"插入图片"对话框，在该对话框中选中需要插入的图片，如图 3.39 所示。

除了"本地图片"处，WPS 还可以插入系统自带的形状、图标、图表以及截屏等。

图 3.39　插入图片对话框

### 3.3.1.2　编辑图片

图片被选定后，利用"图片工具"选项卡功能区中的命令，可以编辑图片的特性，如

进行调整图片的大小、方向，裁剪形状，设置其透明度等各种效果的设置。

（1）图片大小的设置：单击图片，其周围出现8个句柄，如果要横向或纵向缩放图片，将指针指向图片4边的某个句柄上，拖动即可。用鼠标手动点击图片上方的旋转按钮，可以任意旋转图片。如果要精确设置图片的大小和角度，则切换到"图片工具"选项卡，功能区中对"高度"和"宽度"微调框进行设置即可，如图3.40所示。

图3.40　精确设置图片的大小

（2）裁剪图片：选中要裁剪的图片，在"图片工具"选项卡中，单击"裁剪"按钮，在弹出的下拉列表中，有"按形状裁剪"和"按比例裁剪"两种裁剪形式，可根据需要进行形状和比例的选择，如图3.41所示。

（3）图片文字环绕效果：文字环绕方式是指图片与周围文字的位置关系。选中设置的图片，在"图片工具"选项卡中，单击"环绕"命令，在弹出的列表中选择相应的环绕方式，如图3.42所示。WPS中提供了嵌入型、紧密型、四周型等多种环绕方式。

图3.41　裁剪图片列表　　图3.42　环绕方式

## 3.3.2　使用手绘形状

切换到"插入"选项卡，单击"形状"下拉按钮，将弹出如图3.43所示的形状下拉列表，其中包括线条、基本形状、箭头总汇、流程图、星与旗帜、标注六大类。选择要绘制的图形，在需要绘制图形的位置拖动鼠标，即可绘制出基本图形。同时也可对插入的形状添加文字，以文本框形式进行编辑。

图3.43　形状列表

但愿每次回忆，对生活都不感到负疚。

### 3.3.3 插入和编辑艺术字

#### 3.3.3.1 插入艺术字

在"插入"选项卡中，单击"艺术字"，从下拉列表中选择一种预设的艺术字样式，接着在插入的艺术字文本框中输入内容。如图3.44所示。

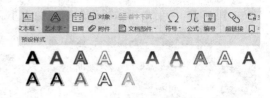

图3.44 创建艺术字

#### 3.3.3.2 编辑艺术字

插入艺术字后，光标定位艺术字，窗口中多出一个"文本工具"选项卡，在其功能区中有各种编辑艺术字的命令例如：更改艺术字样式、设置文字效果等，如图3.45所示，操作方法依然遵循"先选中，后操作"的原则。

图3.45 艺术字"文本工具"选项卡

### 3.3.4 文本框的使用

文本框是一种图形对象，用户可以在文本框中输入文字、插入图片等，并可将文本框放置在页面中的任意位置，从而进一步增强图文混排的功能。使用文本框还可以对文档的局部内容进行竖排、添加底纹等复杂和特殊的排版。

#### 3.3.4.1 插入文本框

执行"插入"选项卡中的"文本框"命令，在下拉列表中选择文本框样式：横向、竖向、多行文字。然后在编辑区拖动鼠标左键，即可出现一文本框。

#### 3.3.4.2 编辑文本框

选中文本框后，此时文本框的四周出现8个句柄。按住鼠标左键拖动句柄，可以调整文本框的大小。将指针指向文本框的边框，指针变成"✛"开关，按住鼠标左键拖动，即可调整位置。可以在"绘图工具"选项中选择相应的命令对文本框进行编辑设置，如对其形状、轮廓、填充等进行设置。如图3.46所示。

图3.46 文本框"绘图工具"选项卡

### 3.3.5 设置图形对象

#### 3.3.5.1 在自选图形中添加文字

对于插入到文档中的图形、形状、文本框、流程图、艺术字等图形对象，可以进行编辑和美化处理，使其更符合自己的需要。

对插入的图形对象（如形状）添加文字，只需右击封闭的图形，从快捷菜单中选择"添加文字"命令，即可在插入点处输入文字。对于添加的文字，可以进行格式设置，这些文字将随图形一起移动。

#### 3.3.5.2 对齐、组合图形对象

图形对象对齐：用鼠标移动图形对象，很难使多个图形对象排列得很整齐。WPS提供了快速对齐图形对象的工具，选定要对齐的多个图形对象，切换到"图片工具"选项卡，单击"对齐"按钮，从下拉列表中选择所需的选项。如图3.47所示。

图形对象组合：组合命令能使多个图形对象合为一个对象，便于文档的排版和对象的移动，方法是选定需要组合的对象，然后单击"图形工具"选项卡中的"组合"按钮，从下拉列表中选择"组合"选项。反之，如要取消图形的组合，只需单击对象，切换到"图片工具"选项卡，单击"组合"按钮，从下拉列表中选择"取消组合"选项即可。

图3.47　图形对象对齐

#### 3.3.5.3 设置图形对象的线型、线型颜色及填充

设置图形对象的线型和线型颜色时，切换到"图片工具"/"绘图工具"选项卡，单击"图片轮廓"按钮，从下拉列表中选择线型及相应的颜色。

给图形对象填充颜色时，选定目标图形对象（如文本框），切换到"绘图工具"选项卡，单击"填充"/"图片填充"命令，在下拉列表中选择相应的填充方式和颜色。

### 3.3.6 实例解析

#### 3.3.6.1 设置页面前景图片

（1）切换至"插入"选项卡，单击"图片"/"来自文件"，找到"背景图"插入。

（2）选中图片并单击鼠标右键，从快捷菜单中选择"其他布局选项"命令，在弹出的"布局"对话框中，设置"文字环绕"为"衬于文字下方"；设置"大小"时，取消"锁定纵横比"后，设置其高和宽分别为"30厘米"和"21厘米"，切换至"位置"选项卡，从"水平"栏中选择"对齐方式"单选按钮，从右侧的下拉列表中选择"居中"，从"相对于"下拉列表框中选择"页面"选项，从"垂直"栏中选择"对方方式"为"顶端对齐"，从

"相对于"下拉列表框中选择"页面"。最后单击"确定"。

### 3.3.6.2 插入标题（盛大开业）

（1）切换到"插入"选项卡，单击"艺术字"，从"艺术字"样式列表中选择"填充–沙棕色，着色2，轮廓–着色2"样式。

（2）在艺术字文本框中输入"盛大开业"。选中该文本设置其字体为宋体，90号字。

**盛大开业**

图3.48　艺术字效果图

（3）选中艺术字文本框。切换到"文本工具"选项卡，设置"文本填充"为黄色、"文本轮廓"为黄色。"文本效果"中设置"发光"为"浅绿，11pt发光，着色6"；"转换"为"腰鼓形"。艺术字效果图如图3.48所示。

### 3.3.6.3 设计正文

（1）切换到"插入"选项卡，单击"文本框/横向"，插入一横向文本框，依次输入文字后，选中文本设置字体为"楷体""22"号字，其中"充100元、送50元"几个字设置为黄色。

（2）从"开始"选项卡"项目符号"中选择"◇"样式。

（3）选中所有文本，设置行距为"50"磅。

（4）选中文本框，切换到"绘图工具"选项卡，设置"填充"为"无填充颜色"，设置"轮廓"为"无边框颜色"。

### 3.3.6.4 设计赠品区域

（1）切换到"插入"选项卡，在"形状"下拉列表中单击"圆角矩形"，在相应文本位置插入，右击形状，在快捷菜单中单击"添加文字"命令，在开关中输入"赠品多多"，并设置为宋体，22号字。切换到"绘图工具"选项卡，在样式框中选择"细微效果–巧克力黄，强调颜色6"样式。

（2）单击"插入选项卡/图片/来自文件"，插入"纸巾"图片，设置其环绕为"浮于文字上方"，调整合适大小后，切换到"图片工具"选项卡，单击"裁剪"命令，裁剪为"椭圆"形。以相同的方法分别插入和设置"牙膏""洗手液""汤锅"图片。

（3）在"纸巾"图片下插入一横向文本框，并输入"纸巾"二字，设置字体为宋体，14号。选定文本框，切换到"文本工具"选项卡，设置"形状填充"为"无填充颜色""形状轮廓"为"无边框颜色"。以相同方法插入并设置"牙膏""洗手液""汤锅"文本框。

（4）按住<Ctrl>键，选中所有的图片和文本框，切换到"绘图工具"选项卡，单击"组合"命令，将选中的图形对象组合成一个整体。赠品区域效果图如图3.49所示。

图3.49　赠品区域效果图

—————— // 练 习 // ——————

（1）为赠品区图片设置艺术效果，使开业宣传单更专业。

—————— // 思考与练习 // ——————

**实训题**

1. 设计一份"个人简历"的封面。

# 任务 3.4  毕业论文的排版

在编排论文、标书和书籍等长篇幅的文档时，需要设置章节、频繁设置字符段落格式，并进行页眉、页脚的设置，目录的编排等。

本任务将通过对"毕业论文"的排版，详细介绍WPS中样式、分隔符等文档排版的高级应用。编排好的样章如图3.50所示。

任务 3.4 ▶

图 3.50  毕业论文局部效果图

## 3.4.1  页面设置

页面设置是对整个文档页面的一些参数进行设置，包括纸张大小、页边距和纸张方向等。

### 3.4.1.1  设置纸张大小

这里的纸张大小是指文档页面的大小，其与实际使用的打印纸张大小相同。文档默认的纸张大小是A4，也是我们日常常用的纸张大小。可通过"页面布局"选项卡下的"纸张大小"下拉按钮来进行更换。

### 3.4.1.2  设置页边距

页边距是文档内容与页面边沿之间的距离，该设置决定了文档编辑区的大小。设置页边距的方法，切换到"页面布局"选项卡，单击"页边距"下拉按钮，在弹出的下拉列表中可以选择程序预设的几种常用的页边距参数，如果没有合适的，也可以在"页边距"按钮旁的4个数值框中进行手动设置，包括上、下、左、右4个边距参数设置。

其次，还可以在"页边距"下拉列表中选择"自定义页边距"命令，在弹出的"页面设置"对话框中进行更详细的设置，如图3.51所示。

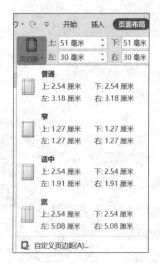

图3.51　页面设置

### 3.4.1.3　设置纸张方向

纸张方向分为纵向和横向两种，默认情况下纸张方向为"纵向"，改变纸张方向的方法为：切换到"页面布局"选项卡，单击"纸张方向"下拉按钮，在弹出的下拉列表中选择。或可通过"页面设置"对话框进行设置。

### 3.4.1.4　页面边框

页面边框是为整个文档内容设置边框，以起到美化的效果。切换至"页面布局"选项卡，单击"页面边框"按钮，弹出如图3.52所示的"边框和底纹"对话框，在"页面边框"选项卡的"设置"组中选择"方框"选项，再选择相应的"线型""颜色""宽度"后确定即可。也可在艺术型中进行选择。

图3.52　页面边框

## 3.4.2　设置页眉、页脚

页眉、页脚是页边顶部和底部的区域，通常用于显示文档、章节标题、页码等信息。

#### 3.4.2.1　插入页眉与页脚

执行"插入"选项卡"页眉页脚"命令后，文档页眉和页脚即变为可编辑状态，此时光标定位在页眉或页脚中，而正文文档区呈灰色不能进行编辑。我们可以同编辑正文区域一样对其进行输入对象和编辑。编辑完成后，可双击正文编辑区或单击"页眉页脚"选项卡中的"关闭"按钮即可退出页眉和页脚。退出后，正文区恢复可编辑状态而页眉页脚区呈灰色不可进行编辑。

#### 3.4.2.2　编辑页眉页脚

进入页眉或页脚区对其进行编辑的命令在如图3.53所示的"页眉页脚"选项卡中，可切换页眉页脚、可插入图片、页码等。

图3.53　页眉页脚选项卡

默认状态下，插入了页眉页脚后，整篇文档的页眉页脚都相同，但实际应用中经常会需要不同的页眉，插入时需进行相应的设置：选择"页眉页脚"选择卡中的"页眉页脚选项"命令，在弹出的"页眉/页脚设置"对话框中进行首页不同或奇偶页不同的设置，如图3.54所示。

图3.54　页眉/页脚设置对话框

### 3.4.3 设置页码

插入页码的方法可在"插入"选项卡中单击"页码"下拉按钮或在插入"页眉页脚"后，在"页眉页脚"选项卡中点击"页码"，执行插入页码命令时，在出现的下拉列表中选择页码插入的位置后，在页码上方将显示"重新编号""页码设置""删除页码"3个按钮，如图3.55所示。其功能如下。

图3.55　页码设置

（1）"重新编号"按钮：可以重新设置该页的起始页码。

（2）"页码设置"按钮：在弹出的窗口中可以设置页码样式和位置。

（3）"删除页码"按钮：可删除页码。

### 3.4.4 使用样式

在编排长文档时，往往需要对许多段落应用相同的文本和段落格式，此时可以使用样式来快速设置，从而避免大量重复性的操作。样式是一套预先调整好的文本格式，可以应用于段落、字，所有格式都是一次完成的。软件自带的样式无法删除，但可以进行修改。

#### 3.4.4.1 应用和修改软件自带样式

在WPS文档中默认内置了一些常用样式，使用时将光标定位在相应的段落，在"开始"选项卡中单击样式组中系统自带的样式。

软件自带的样式无法删除，但可以进行修改。方法为：将鼠标指向要修改的样式名称，右击鼠标，在弹出的快捷菜单中选择"修改样式"命令，在弹出的"修改样式"对话框中即可对样式进行修改，如图3.56所示。

在"修改样式"对话框中，可以对段落中的字体格式、段落对齐方式等进行基本设置，如果需要进行更多更详细地设置，可单击左下方"格式"按钮，在弹出的菜单中选择需要设置的项目。

图 3.56　修改样式

#### 3.4.4.2 新建样式

文档内置的样式如不能满足我们的需求时，可根据我们的需要新建相应的样式，新建样式的方法为：点击"样式"空格右下"▽"按钮，在弹出的菜单中单击"新建样式"命令，在弹出的"新建样式"对话框中输入新样式的名称，设置好需要的字体及段落后确认即可，如图3.57所示。

图 3.57　新建样式

## 3.4.5 排版长篇文档的辅助工具

### 3.4.5.1 使用大纲视图处理长篇文档

（1）"视图"选项卡中，选择"大纲"命令，文档即可切换到大纲视图方式。

（2）定位要设置的文档标题或段落，在"大纲"选项卡上的"大纲级别"下拉列表中选择相应的级别，即可将该标题或段落设置为相应的大纲级别。

（3）在大纲视图中，将光标定位于某段中，单击"大纲工具"组中的"上移"或"下移"按钮，可以将该段落内容向相应的方向进行移动。

（4）单击"大纲"选项卡中的"关闭"按钮，即可关闭大纲视图，返回到页面视图。

### 3.4.5.2 使用"导航"窗格对长文档进行导航

在"视图"选项卡中，点击"导航窗格"下方，弹出下拉菜单中选择"导航窗格"插入的位置，即可在相应的位置显示"导航窗格"。使用导航窗格，可定位到文档中相应的位置，如图3.58所示。

图3.58 导航窗格

## 3.4.6 创建题注

在撰写长篇文档时，图表通常按所在章节中出现的顺序分章编号，如：图1.1、图2.3等，此即为题注。设置题注的方法：右击需设置的图或表，在快捷菜单中选择"题注"命令或切换至"引用"选项卡，选择"题注"命令打开"题注"对话框，如图3.59所示。

打开"题注"对话框后，从"标签"下拉列表框中选择如"图""表"的标签，如果不能满足要求，可单击"新建标签"按钮，打开"新建标签"对话框。在"标签"文本框中输入自定义标签名，单击"确定"后返回"题注"对话框。此时，新建的标签就会出现在"标签"下拉列表框中，如图3.60所示。

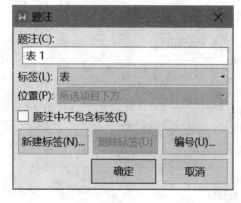

图3.59 题注对话框

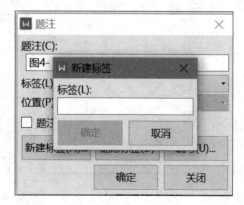

图3.60 新建题注标签

项目 3 WPS 文档处理

73

### 3.4.7　制作文档目录

目录是文档标题和对应页码的集中显示，而文档对于文档标题的识别取决于该标题是否应用了标题类样式，在"样式和格式"空格中"标题1""标题2""标题3"等内置样式均属于标题样式，应用了这些样式的段落均可以被文档作为标题引用的目录中。而"正文"及其他新建样式均属于非标题样式，故不会被提到目录中。

在正确设置了文档的标题样式（分层次）后，就可以为文档制作目录了，首先将光标定位到插入目录的位置，然后切换到"引用"选项卡，单击"目录"下拉按钮，在弹出的下拉列表中选择"自动目录"命令。

### 3.4.8　分隔符的使用

分隔符是用于将文档分隔开的段落标记，常用的分隔符有分页符和分节符两种。

（1）分页符。通常用户在编辑文档时系统会自动分页。如果要对文档进行强制分页，可通过插入分页符实现。

（2）分节符。节是文档格式化的最大单位，只有在不同的节中，才可以对同一文档中的不同部分进行不同的页面设置，如进行不同的页眉、页脚、纸张方向等页面格式的设置。WPS 2019还提供了下一页分节符、连续分节符等，利用它们可使文档格式更加丰富多变。

在WPS中插入分隔符的方法有两种，一是切换至"插入"选项卡中选择"分页"命令，二是通过"页面布局"选项卡，选择"分隔符"命令按钮，如图3.61所示。

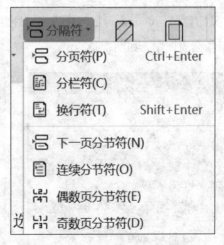

图3.61　分隔符

### 3.4.9 添加封面

对长篇文档添加封面，可将光标定位到文档开头。切换到"章节"选项卡，单击"封面页"下拉按钮，或是切换到"插入"选项卡，单击"封面页"。在弹出的下拉列表中选择相应的样式即可。

### 3.4.10 实例解析

#### 3.4.10.1 页面格式设置

页面格式要求：

（1）纸型：A4纸。

（2）页边距：上3厘米，下2.5厘米，左3厘米，右2.5厘米。

（3）页眉距离页边2厘米，页脚距离页边1.75厘米。

（4）装订线：0厘米，左侧装订。

打开论文，切换到"页面布局"菜单进行相应的设置，功能区没有的命令，点击对话框启动按钮，打开"页面设置"对话框，在"页边距"选项卡中可以设置页边距、装订线装订位置；在"版式"选项卡中设置页眉页脚距离页边的距离。

#### 3.4.10.2 使用样式

（1）打开素材文档，选中要设置为一级标题的文本，如"第1章""第2章"等，切换到"开始"选项卡，单击"样式"组中的"标题1"。

（2）选中要使用样式的二级标题文本，使用上述的方法将其设置为"标题2"样式。

（3）用相同的方法设置三级标题。（亦可将文档切换至大纲视图进行设置，并打开"导航"窗格）。

#### 3.4.10.3. 自定义样式

定义图样式，设置其格式为居中，行距最小值，段前段后为0.5行。方法如下：

选中要应用新建样式的图片，单击样式组右下角按钮，选择"新建样式"按钮，打开"新建样式"对话框。在"名称"文本框中输入新样式的名称"图"，从"后续段落样式"下拉列表框中选择"图"选项，单击"格式"栏中的"居中"。

单击"格式"按钮，选择"段落"选项，在打开的"段落"对话框中，设置行距为最小值，段前段后设置为"0.5行"。

将其他图片都设置为"图"样式。

#### 3.4.10.4 修改样式

（1）一级标题样式：三号黑体字居中，行间距20磅，段前18磅，段后30磅。

（2）二级标题样式：四号黑体，行间距20磅，段前0.5行，段后0.5行。

（3）三级标题样式：小四号黑体，行间距20磅，段前0.5行，段后0.5行。

（4）正文样式：小四号宋体，段落行间距20磅，首行缩进两个字符。

（5）摘要："摘要"两字为三号黑体，居中，行间距20磅，段前18磅，段后30磅，两字间空两个中文字符。摘要内容为小四号宋体。

（6）关键词：关键词要与上文空一行，"关键词"三字为小四号宋体加粗，紧随其后为关键词，采用小四号宋体。

执行"开始"选项卡，右击"样式"功能区中相对应的样式，选择"修改"命令，在打开样式修改对话框中，设置相应的格式。

### 3.4.10.5  目录的生成与设置

光标定位在文档开始，执行"引用"选项卡中的"目录"列表下的"自动目录"。

### 3.4.10.6  插入分隔符

（1）将文档分为目录与正文两个节。光标定位目录后，切换到"插入"选项卡，点击"分页"命令，在下拉列表中选择"下一页分节符"命令。

（2）各章单独新起一页，各章间插入分页符。光标定位各章标题前，切换到"插入"选项卡，点击"分页"命令，在下拉列表中选择"分页符"命令。

### 3.4.10.7  插入页眉页脚

（1）光标定位第一节（目录），在页脚居中位置插入页码，页码格式为"Ⅰ、Ⅱ"形式。

（2）光标定位第二节（正文）的第一页。

1）插入页眉。切换到"插入"选项卡，点击"页眉页脚"命令后，在"页眉页脚"选项卡中，点击"同前节"命令（取消该命令），后输入页眉内容："×××职业学院2015届毕业设计"，字体五号宋体，居中。

2）页脚内容：打开"页码"对话框。设置其样式为"–1–"，设置"起始页码"为1。

### 3.4.10.8  插入题注

对文中图片插入题注"图1、图2"。

### 3.4.10.9  插入封面

在"插入"选项卡中插入空白页后，在空白页中插入素材图片的"封面.tif"，并设置该图片高和宽分别为"29cm"和"21cm"；文字环绕为"衬于文字下方"；设置"位置"的"水平""垂直"方向均为页面居中对齐。

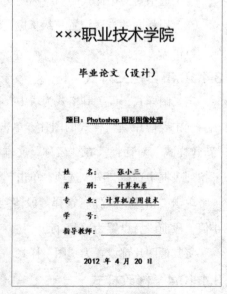

图3.62  封面效果图

插入封面后按下图进行编辑排版。其中，第一行文字为微软雅黑小初号字；第二行为楷体小一号字；第三行为黑体三号字；其余为楷体小二号字。

封面效果图如图3.62所示。

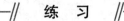

**练 习**

（1）如何将多个文档合并为一个文档？

（2）当文档的内容不能完全显示在当前窗口中时，如何同时查看文档的不同部分？

（3）简述分节符与分页符在长篇文档中不同用法。

**思考与练习**

**实训题**

1.打开文档"WPS3.docx"，在其中完成下列操作并保存文档。

（1）设置页面左右边距各为3cm；设置页面颜色为浅蓝色，为页面添加红色1磅阴影边框，并为文档添加内容为"练习"的文字水印。

（2）将第一段分2栏，间距为3个字符。

（3）页面顶端插入页眉，并输入"支持国产软件"，设置为红色五号宋体。

（4）在页面底端中间插入页码，页码的样式为"第＊页，共＊页"。

# 项目 4
# WPS 表格的应用

## 项目导读

表格是 WPS Office 的另一个重要成员，利用它不仅可以快速制作出各种美观、实用的电子表格，而且可以对数据进行计算、统计、分析和预测等。此外，还可以按需要将表格打印出来。

本章通过利用 WPS 表格制作、计算、分析和打印学生成绩表，学习在 WPS 表格中输入数据并编辑，调整工作表结构，对工作表进行基本操作，利用公式和函数对表格数据进行计算，利用 WPS 表格提供的数据排序、筛选、分类汇总、图表和数据透视表来管理和分析工作表中的数据等。

## 教学目标

- 熟悉 WPS 表格的工作界面。
- 掌握工作簿、工作表和单元格的基本操作。
- 掌握在表格中输入数据的基本方法。
- 掌握编辑和美化表格的方法。

# 任务 4.1　制作学生成绩表

如今，电子表格已经成为现代化办公的重要组成部分。在 WPS 表格中，通过创建和使用表格，用户可以对数据进行规范、高效和可视化的管理。

下面介绍使用 WPS 表格快速制作如图 4.1 所示的学生成绩表，并自动统计出学生的平均分、总分、名次等。

任务4.1 ▶

| 学号 | 班级 | 姓名 | 性别 | 网络基础 | 高等数学 | 专业英语 | 平均分 | 总分 | 名次 | 等次 | 奖学金 |
|---|---|---|---|---|---|---|---|---|---|---|---|
| | | | | 第一学年第二学期成绩单 | | | | | | | |
| 17100401001 | 1 | 黄志新 | 男 | 97 | 85 | 99 | | | | | |
| 17100401002 | 2 | 赵青芳 | 女 | 95 | 91 | 84 | | | | | |
| 17100401003 | 3 | 张岭 | 女 | 83 | 99 | 92 | | | | | |
| 17100401004 | 1 | 李丽华 | 女 | 94 | 84 | 94 | | | | | |
| 17100401005 | 2 | 黎明 | 男 | 86 | 99 | 82 | | | | | |
| 17100401006 | 3 | 江树明 | 男 | 84 | 96 | 76 | | | | | |
| 17100401007 | 1 | 王秀琴 | 女 | 95 | 67 | 96 | | | | | |
| 17100401008 | 2 | 刘曙光 | 男 | 92 | 63 | 88 | | | | | |
| 17100401009 | 3 | 林立 | 男 | 97 | 63 | 83 | | | | | |
| 17100401010 | 1 | 唐凤林 | 男 | 91 | 68 | 68 | | | | | |
| 17100401011 | 2 | 田中华 | 男 | 78 | 66 | 88 | | | | | |
| 17100401012 | 3 | 朱自强 | 男 | 83 | 54 | 95 | | | | | |
| 17100401013 | 1 | 张军 | 女 | 99 | 65 | 63 | | | | | |
| 17100401014 | 2 | 刘桥 | 女 | 81 | 88 | 46 | | | | | |
| 17100401015 | 3 | 姜宝刚 | 女 | 88 | 45 | 84 | | | | | |
| 17100401016 | 1 | 石小龙 | 男 | 65 | 65 | 85 | | | | | |
| 17100401017 | 2 | 王启迪 | 女 | 68 | 62 | 85 | | | | | |
| 17100401018 | 3 | 孙爱国 | 男 | 65 | 88 | 46 | | | | | |
| 17100401019 | 1 | 宋泽军 | 女 | 59 | 85 | 46 | | | | | |
| 17100401020 | 2 | 蒋小名 | 男 | 98 | 94 | | | | | | |
| 17100401021 | 3 | 何勇强 | 女 | 29 | 88 | 77 | | | | | |
| 17100401022 | 1 | 李婷 | 女 | 63 | 46 | 81 | | | | | |
| 17100401023 | 2 | 马德华 | 女 | 89 | 96 | | | | | | |
| 17100401024 | 3 | 曾明平 | 男 | 93 | 66 | 23 | | | | | |
| 17100401025 | 1 | 刘薇 | 女 | 96 | 46 | 87 | | | | | |
| 17100401026 | 2 | 王雪强 | 女 | 58 | 64 | 46 | | | | | |
| 17100401027 | 3 | 杨三平 | 女 | 55 | 45 | 84 | | | | | |
| 17100401028 | 1 | 梁美玲 | 女 | 63 | 60 | 38 | | | | | |
| 17100401029 | 2 | 赵力明 | 男 | 95 | 38 | 18 | | | | | |
| 17100401030 | 3 | 熊小新 | 女 | 88 | 54 | 60 | | | | | |

图 4.1　"学生成绩表"最终效果

## 4.1.1　"WPS 表格"的概述

### 4.1.1.1　工作界面

双击桌面上的"WPS 表格"快捷图标即进入表格工作界面。WPS 表格窗口主要由快速访问工具栏、编辑栏、单元格、行号、列号和工作表标签等组成，如图 4.2 所示。WPS 表格的工作界面与 WPS 文字相似，下面只介绍不同部分元素的含义。

（1）单元格名称框：显示当前活动单元格的地址。

（2）编辑栏：主要用于输入和修改活动单元格中的数据。当在工作表的某个单元格中输入数据时，编辑栏会同步显示输入的内容。

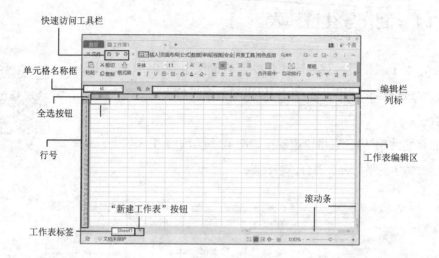

图4.2 工作界面

（3）工作表编辑区：它是WPS表格处理数据的主要区域，包括单元格、行号和列标及工作表标签等。

（4）工作表标签：在WPS表格的一个工作簿中通常包含多个工作表，而不同的工作表用不同的标签标记。工作标签位于工作簿窗口的底部。默认情况下，WPS表格 2019工作簿中只包含一张工作表Sheet1。

（5）状态栏：用于显示当前操作的相关提示及状态信息。一般情况下，状态栏左侧显示"就绪"字样。在单元格输入数据时，显示"输入"字样。

### 4.1.1.2 工作簿、工作表和单元格

（1）工作簿：工作簿是用来保存表格内容的文件，其扩展名为".xlsx"。

（2）工作表：工作表包含在工作簿中，由单元格、行号、列标和工作表标签组成。行号显示在工作表的左侧，依次用数字1，2，…，1048576表示；列标显示在工作表上方，依次用字母A，B，…，XFD表示。在WPS表格中，一个工作簿初始时仅包含1个工作表，以Sheet1命名。用户可根据实际需要对工作表进行新建、删除和重命名等操作。

> **提示**
>
> 在如图4.2所示的工作界面中，单击底部的"新建工作表"按钮"+"即可新建工作表（新工作表的名称依次为Sheet2，Sheet3…）。新建工作表后，在工作界面底部会出现对应的工作表标签，单击不同工作表标签可切换工作表，双击某工作表标签可重命名此工作表。如果将工作簿比作一本书的话，那么工作表就如同书中的每一页。

（3）单元格：工作表中行与列相交形成的长方形区域称为单元格，它是用来存储数据和公式的基本单位。一个工作表即是若干单元格的集合。WPS表格是用列标和行号来表示某个单元格的。例如，B3单元格是指第B列第3行的单元格。

（4）活动单元格：在工作表中，正在使用的单元格周围有一个绿色方框，该单元格称为当前单元格或活动单元格。用户当前进行的操作都是针对活动单元格的。

（5）单元格区域：在工作表中，单元格区域是指连续的单元格，常用的表示方法为"左上角单元格名称：右下角单元格名称"。例如，"B2：F5"表示从左上起于B2，右下止于F5的20个单元格。

### 4.1.1.3　WPS表格中的数据类型和输入方法

表格中经常使用的数据类型有文本型数据、数值型数据、日期和时间型数据等，下面一一进行介绍。

（1）文本型数据：指字母、汉字，或由任何字母、汉字、数字和其他符号组成的字符串。如"季度1""AK47"等。文本型数据不能进行数学运算。默认情况下，输入的文本会沿单元格左侧对齐。

（2）数值型数据：在WPS表格中，数值型数据是使用最多，也是最为复杂的数据类型，用来表示某个数值或币值等。数值型数据由数字0～9、正号、负号、小数点、分数号"/"、百分号"%"、指数符号"E"或"e"、货币符号"¥"或"$"、千位分隔号"，"等组成。输入数值型数据时，WPS表格将自动沿单元格右侧对齐。

在WPS表格 2019中输入数值型数据时要注意以下几点：

1）如果要输入负数，必须在数字前加一个负号"−"，或给数字加上圆括号。例如，输入"−5"或"（5）"都可在单元格中得到−5。

2）如果要输入分数，如1/5，应先输入"0"和一个空格，然后输入"1/5"。否则，WPS表格会把该数据作为日期格式处理，单元格中会显示"1月5日"。

（3）日期和时间型数据：日期和时间型数据实际属于数值型数据，用来表示某个日期或时间。日期格式为"mm/dd/yy"或"mm−dd−yy"；时间格式为"hh：mm（am/pm）"。

在WPS表格 2019中输入数据的一般方法为：单击要输入数据的单元格，然后输入数据即可。此外，还可使用技巧来快速输入数据，如使用填充柄自动填充数据。输入数据后，用户可以像编辑WPS文档中的文本一样，对输入的数据进行各种编辑操作，如选中单元格区域，查找和替换数据，移动和复制数据等。

> **提示**　将鼠标移动到工作表中某活动单元格右下角的绿色方块上时，鼠标指针会变为黑色十字形状，称其为填充柄。拖动填充柄可以自动在其他单元格中填充与当前单元格内容相关的数据，如序列数据或相同数据。其中，序列数据是指有规律的数据，如日期、时间、月份、等差或等比序列。

### 4.1.1.4　设置工作表格式

要对工作表进行美化操作，可先选中要进行格式设置的单元格或单元格区域，然后进行相关操作，主要包括以下几方面：

（1）设置单元格格式：包括设置单元格内容的字符格式、数字格式和对齐方式，以及设置单元格的边框和底纹等。可利用"开始"选项卡的"字体""对齐方式"和"数字"组中的按钮，或利用"设置单元格格式"对话框进行设置。

（2）调整行高与列宽：默认情况下，WPS表格中所有行的高度和所有列的宽度都是相等的。用户可以利用鼠标拖动方式和"格式"下拉列表中的命令来调整行高和列宽。

（3）套用表格样式：WPS表格 2019为用户提供了许多预定义的表格样式。套用这些样式，可以迅速建立适合不同专业需求、外观精美的工作表。用户可利用"开始"选项卡的"样式"组来设置条件格式或套用表格样式。

## 4.1.2 工作簿、工作表与单元格的基本操作

### 4.1.2.1 工作簿的基本操作

**1. 启动与关闭WPS软件**

安装WPS 2019后，可用多种方法启动其中的程序。

（1）双击桌面上的WPS Office快捷方式。

（2）选择"开始"—"所有程序"—"WPS Office"

（3）直接双击扩展名为".et"的文件，启动WPS，并打开该文件。

（4）在Windows操作系统"开始"菜单的搜索框中输入"WPS"。

**2. 创建工作簿**

步骤1：启动WPS 2019，在打开的主界面中单击左侧或上方的"新建"按钮，如图4.3所示。

图4.3 新建窗口

步骤2：在打开的界面上方，保持"S表格"图标选中状态，单击"新建空白文档"。WPS 2019随即创建一个空白文档，默认名称为"工作簿1"。

除了用上述方法新建空白WPS工作簿外，还可以通过下面的方法创建。

（1）在打开的WPS文档中单击标题选项卡右侧的" + "按钮，可以打开新建文档界面。

（2）在打开的WPS文档中按下<Ctrl+N>组合键，可直接创建一个空白的WPS工作簿。

（3）在操作系统桌面或文件夹窗口空白处右击鼠标，在弹出的快捷菜单中选择"新建"—"XLSX工作表"命令，即可创建一个空白的WPS工作表。

3. 保存工作簿

对于新建的工作簿，需要进行保存操作后才能将其以文件的形式存储在计算机中，以便日后使用或继续编辑。要保存工作簿，只需单击窗口左方快捷工具栏中的"保存"按钮，在弹出的"另存为"对话框中设置保存路径、文件名和文件类型，然后单击"保存"按钮即可。

在工作簿编辑过程中，我们需要随时对工作簿进行保存，以防止因断电、死机或系统异常等情况而造成信息丢失。对已有工作表再次进行保存时，不会再弹出"另存为"对话框，而是直接覆盖原工作簿。如果需要将工作簿另行保存（如改名、改保存位置等），可单击左上角的"文件"按钮，然后在打开的菜单中选择"另存为"命令，在"另存为"对话框中选择保存位置、保存类型或文件名称，然后单击"保存"按钮。

4. 打开工作簿

如果要打开现有工作簿进行查看或编辑，可单击界面左上角"文件"按钮，在展开的下拉列表中选择"打开"选项，打开"打开"对话框。或在WPS窗口中按下<Ctrl+O>组合键，可直接弹出"打开"对话框。然后在位置下拉列表中指定文件的位置，在下方的列表中选择文件名称，最后单击"打开"按钮。

### 4.1.2.2  工作表的基本操作

在WPS表格中，一个工作簿可以包含多张工作表，用户可以根据需要对工作表进行添加、删除、移动、复制、重命名、隐藏、显示，以及设置工作表标签颜色等操作。

1. 插入工作表

默认情况下，新工作簿只包含1个工作表，若工作表不能满足需要，可单击工作表标签右侧的"插入工作表"按钮 ，在所选工作表的右侧插入一个新工作表，如图4.4所示。

若要在某一个工作表之前插入新工作表，可在选中该工作表后单击功能区"开始"选项卡"单元格"组中的"插入"按钮，在展开的下拉列表中选择"插入工作表"选项，如图4.5所示。

图 4.4　在现有工作表的右侧插入工作表

### 2. 选择工作表

要选择单个工作表，直接单击程序窗口左下角的工作表标签即可；要选择多个连续工作表，可在按住<Shift>键的同时单击要选择的工作表标签，如图 4.6 所示；要选择不相邻的多个工作表，可在按住<Ctrl>键的同时单击要选择的工作表标签。

图 4.5　选择"插入工作表"选项

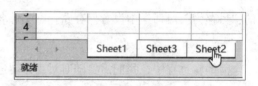

图 4.6　选择多个相邻的工作表

> **提示**　选择多个工作表后，所选工作表将变为工作表组，在工作表组中输入数据及设置格式等操作将应用于工作表组中的每个工作表。

### 3. 重命名工作表

用户可以为工作表取一个与其保存的内容相关的名字，从而方便区分工作表。要重命名工作表，可双击工作表标签以进入其编辑状态，然后输入工作表名称，再单击除该标签以外工作表的任意处或按<Enter>键即可，如图 4.7 所示。使用同样的方法重命名其他工作表为"排序""筛选"。

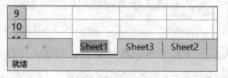
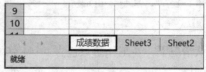

图 4.7　重命名工作表

### 4. 移动工作表

要在同一工作簿中移动工作表，可单击要移动的工作表标签，然后按住鼠标左键不放，将其拖到所需位置即可。若在拖动的过程中按住<Ctrl>键，则为复制工作表操作，原工作表依然保留。将复制过来的工作表重命名为"分类汇总"，如图4.8所示。

若要在不同的工作簿之间移动或复制工作表，可选中要移动或复制的工作表，然后单击功能区"开始"选项卡"单元格"组中的"格式"按钮，在展开的下拉列表中选择"移动或复制工作表"选项，打开"移动或复制工作表"对话框，如图4.9所示。

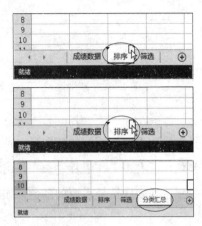 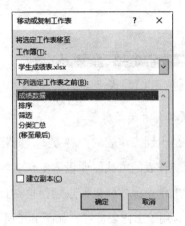

图4.8　在同一工作簿中复制工作表　　图4.9　"移动或复制工作表"对话框

在"将选定工作表移至工作簿"下拉列表中选择目标工作簿（需要将该工作簿打开），在"下列选定工作表之前"列表框中设置工作表移动的目标位置，然后单击"确定"按钮，即可将所选工作表移动到目标工作簿的指定位置；若选中对话框中的"建立副本"复选框，则为复制工作表。

5. 删除工作表

对于不再需要的工作表可以将其删除，方法是：单击要删除的工作表标签，单击功能区"开始"选项卡"单元格"组中的"删除"按钮，在展开的下拉列表中选择"删除工作表"选项；如果工作表中有数据，将弹出一个提示对话框，单击"删除"按钮即可。

6. 隐藏或显示工作表

隐藏工作表的目的是避免对工作表数据执行误操作，或防止他人查看工作表中的重要数据和公式。当隐藏工作表时，数据虽然从视图中消失，但并没有从工作簿中删除。这里选中要隐藏的工作表"成绩数据"。

单击"开始"选项卡"单元格"组中的"格式"按钮，在展开的下拉列表中选择"隐藏和取消隐藏"/"隐藏工作表"选项，或在右键菜单中选择"隐藏"选项，即可看到所选工作表从视图中消失，如图4.10所示。

要显示被隐藏的工作表，可在"格式"下拉列表中选择"隐藏和取消隐藏"/"取消隐藏工作表"选项，打开"取消隐藏"对话框，在"取消隐藏工作表"列表框中选择要显示的工作表，单击"确定"按钮，如图4.11所示。

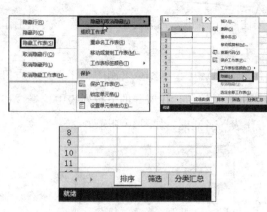 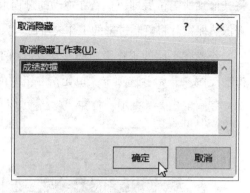

图4.10　隐藏工作表　　　　　　图4.11　"取消隐藏"对话框

#### 7. 设置工作表标签颜色

重命名是识别工作表的一种方式，而将工作表标签设置为不同的颜色是一种更加直观的区别不同工作表的方式。要设置工作表标签颜色，可右击工作表标签，在弹出的快捷菜单中选择"工作表标签颜色"选项，再在打开的颜色列表中选择需要的颜色，如红色，即可将该颜色应用于工作表标签，如图4.12所示。

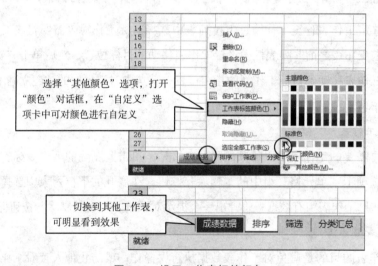

图4.12　设置工作表标签颜色

### 4.1.2.3　单元格的基本操作

#### 1. 选择单元格或单元格区域

在WPS表格中进行的大多数操作，都需要先将要操作的单元格或单元格区域选定，常用选择方法如下：

（1）将鼠标指针移至要选择的单元格上方后单击，即可选中该单元格。此外，还可使用键盘上的方向键选择当前单元格的前、后、左、右单元格。

（2）若要选择相邻的单元格区域，可按下鼠标左键拖过希望选择的单元格，然后释放鼠标即可；或单击要选择区域的第一个单元格，然后按住<Shift>键单击最后一个单元格，此时即可选择它们之间的所有单元格，如图4.13所示。

（3）若要选择不相邻的多个单元格或单元格区域，可首先利用前面介绍的方法选定第一个单元格或单元格区域，然后按住<Ctrl>键再选择其他单元格或单元格区域，如图4.14所示。

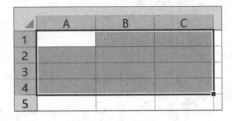
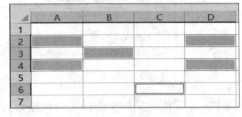

图4.13　选择相邻的单元格区域　　　　图4.14　选择不相邻的多个单元格

（4）若要选择工作表中的一整行或一整列，可将鼠标指针移到该行左侧的行号或该列顶端的列标上方，当鼠标指针变成"▬▶"或"▼"黑色箭头形状时单击即可，如图4.15所示。若要选择连续的多行或多列，可在行号或列标上按住鼠标左键并拖动；若要选择不相邻的多行或多列，可配合<Ctrl>键进行选择。

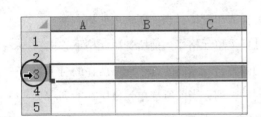

图4.15　选择整行和整列

要选择工作表中的所有单元格，可按<Ctrl+A>组合键或单击工作表左上角行号与列标交叉处的"全选"按钮"▨◢"。

2. 插入或删除单元格、行、列

在制作表格时，可能会遇到需要在有数据的区域插入或删除单元格、行、列的情况，此时可执行如下操作。

（1）要在工作表某行上方插入一行或多行，可首先在要插入的位置选中与要插入的行数相同数量的行，或选中单元格，然后单击"开始"选项卡"单元格"组中"插入"按钮下方的下拉按钮，在展开的下拉列表中选择"插入工作表行"选项，如图4.16所示。

（2）要删除行，可首先选中要删除的行，或要删除的行所包含的单元格，然后单击"单元格"组"删除"按钮下方的下拉按钮，在展开的下拉列表中选择"删除工作表行"选项，如图4.17所示。若选中的是整行，则直接单击"删除"按钮"▦✕"即可。

图4.16　插入行

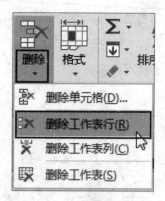

图4.17　删除工作表行

（3）要在工作表某列左侧插入一列或多列，可在要插入的位置选中与要插入的列数相同数量的列，或选中单元格，然后在"插入"下拉列表中选择"插入工作表列"选项。

（4）要删除列，可首先选中要删除的列，或要删除的列所包含的单元格，然后在"删除"下拉列表中选择"删除工作表列"选项。

（5）要插入单元格，可在要插入单元格的位置选中与要插入的单元格数量相同的单元格，然后在"插入"下拉列表中选择"插入单元格"选项，打开"插入"对话框，在其中设置插入方式，单击"确定"按钮，如图4.18所示。

1）活动单元格右移：在当前所选单元格处插入单元格，当前所选单元格右移。

2）活动单元格下移：在当前所选单元格处插入单元格，当前所选单元格下移。

3）整行：插入与当前所选单元格行数相同的整行，当前所选单元格所在的行下移。

4）整列：插入与当前所选单元格列数相同的整列，当前所选单元格所在的列右移。

（6）要删除单元格，可选中要删除的单元格或单元格区域，然后在"单元格"组的"删除"下拉列表中选择"删除单元格"选项，打开"删除"对话框，设置一种删除方式，单击"确定"按钮，如图4.19所示。

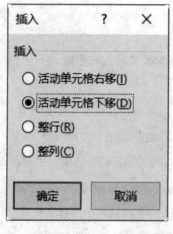

图4.18　"插入"对话框

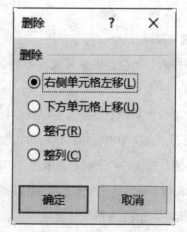

图4.19　"删除"对话框

1）右侧单元格左移：删除所选单元格，所选单元格右侧的单元格左移。

2）下方单元格上移：删除所选单元格，所选单元格下方的单元格上移。

3）整行：删除所选单元格所在的整行。

4）整列：删除所选单元格所在的整列。

（7）合并与拆分单元格。合并单元格是指将相邻的多个单元格合并为一个单元格。合并后，将只保留所选单元格区域左上角单元格中的内容。

选择要进行合并的单元格区域。单击"开始"选项卡"对齐方式"组中的"合并后居中"按钮 ，或单击该按钮右侧的下拉按钮，在展开的下拉列表中选择"合并后居中"选项，即可将该单元格区域合并为一个单元格且单元格数据居中对齐，如图4.20。

图4.20　合并单元格

在进行合并单元格操作时，若在上述下拉列表中选择"跨越合并"选项，会将所选单元格按行合并；若选择"合并单元格"选项，合并后单元格中的文字不居中对齐。要想将合并后的单元格拆分开，只需选中该单元格，然后再次单击"合并后居中"按钮即可。

（8）移动、复制、查找与替换、删除单元格数据。如果要移动单元格内容，需首先选中要移动内容的单元格或单元格区域，再将鼠标指针移至所选单元格区域的边缘。待鼠标指针变成十字形状时，按住鼠标左键并拖动鼠标指针到目标位置后释放鼠标左键即可。

若在拖动过程中按住<Ctrl>键，则拖动操作为复制操作。移动或复制单元格区域时，松开鼠标左键，会出现快速分析选项列表，从中选择相应选项，可快速把数据处理成图表、对数据进行汇总、创建迷你图或进行条件格式设置等，如图4.21所示。

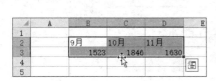

图4.21　复制单元格内容

计算机应用基础教程（Windows 10+WPS Office 2019）

> **提示** 与在文档中的操作相似。与文档中的粘贴操作不同的是，在WPS表格中可以有选择地粘贴全部内容，或只粘贴公式或值等，如图4.22所示。

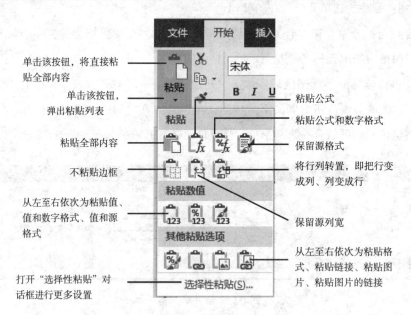

图 4.22 选择性粘贴

对于一些大型的表格，如果需要查找或替换表格中的指定内容，可利用WPS表格的查找和替换功能实现。操作方法与在WPS文档中查找和替换文档中的指定内容相同。

若要删除单元格内容或格式，可选中要清除内容或格式的单元格或单元格区域，然后单击"开始"选项卡"编辑"组中的"清除"按钮 ，在展开的下拉列表中选择相应选项，可清除单元格中的内容、格式或批注等，如图4.23所示。

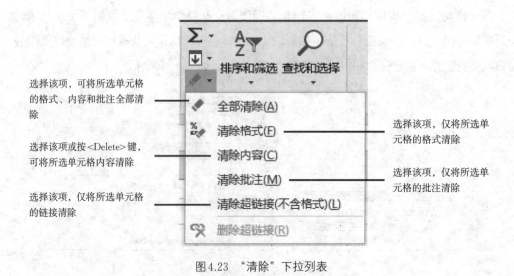

图 4.23 "清除"下拉列表

## 4.1.3 在学生成绩表中输入与填充数据

工作簿创建好后，就可以向其中的工作表中输入数据了。

### 4.1.3.1 手动输入数据

在"学生成绩表"工作簿的"成绩数据"工作表中单击A1单元格，然后输入"第一学年第二学期成绩单"，输入的内容会同时显示在编辑栏中（也可选中单元格后，直接在编辑栏中输入数据），如图4.24所示。若发现输入错误，可按<Backspace>键删除。

| A1 | ▼ | ⋮ | ✕ | ✓ | ƒx | 第一学年第二学期成绩单 |
|----|---|---|---|---|----|----|

|   | A | B | C | D | E | F |
|---|---|---|---|---|---|---|
| 1 | 第一学年第二学期成绩单 | | | | | |
| 2 | | | | | | |

图 4.24 输入表格标题

按<Enter>键、<Tab>键，或单击编辑栏上的"√"按钮确认输入。其中，按<Enter>键时，当前单元格下方的单元格被选中；按<Tab>键时，当前单元格右边的单元格被选中；单击"√"按钮时，当前单元格不变。

在A2～L2单元格中输入各列标题，再在"班级"和"姓名"列单元格输入数据，效果如图4.25所示。可以看到，输入的数值型数据沿单元格右侧对齐，文本型数据沿单元格左侧对齐。

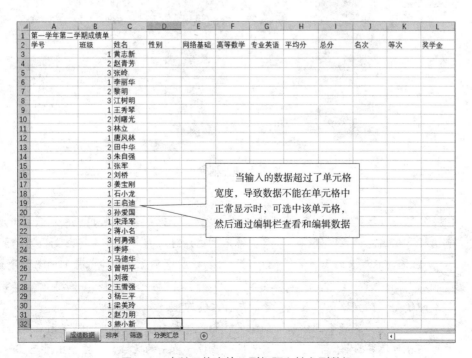

当输入的数据超过了单元格宽度，导致数据不能在单元格中正常显示时，可选中该单元格，然后通过编辑栏查看和编辑数据

图 4.25 在单元格中输入列标题和姓名列数据

### 4.1.3.2 自动填充数据

在WPS表格工作表的活动单元格的右下角有一个小黑方块，称为填充柄，通过拖动填充柄可以自动在其他单元格填充与活动单元格内容相关的数据，如序列数据或相同数据。其中，序列数据是指有规律地变化的数据，如日期、时间、月份、等差或等比数列。此处以输入"学号"数据为例，介绍自动填充数据的方法。

图4.26　输入示例数据

单击"学号"列中的A3单元格，输入数据"17100401001"，如图4.26所示。

将鼠标指针移到A3单元格右下角的填充柄上，此时鼠标指针变成实心的十字形，按住鼠标左键并向下拖动，至单元格A32后释放鼠标左键，然后单击右下角的"自动填充选项"按钮　，在展开的列表中选中"填充序列"单选钮，系统就会自动以升序填充选中的单元格，效果如图4.27所示。

图4.27　使用填充柄输入数据

当在"自动填充选项"　列表中选择"复制单元格"时，可填充相同数据和格式；选择"仅填充格式"或"不带格式填充"时，则只填充相同格式或数据。

要填充指定步长的等差或等比序列，可在前两个单元格中输入序列的前两个数据，如在A1，A2单元格中分别输入1和3，然后选定这两个单元格，并拖动所选单元格区域的填充柄至要填充的区域，释放鼠标左键即可。

单击"开始"选项卡"编辑"组中的"填充"按钮　，在展开的填充列表中选择相应选项也可填充数据。但该方式需要提前选择要填充的区域，如图4.28所示。

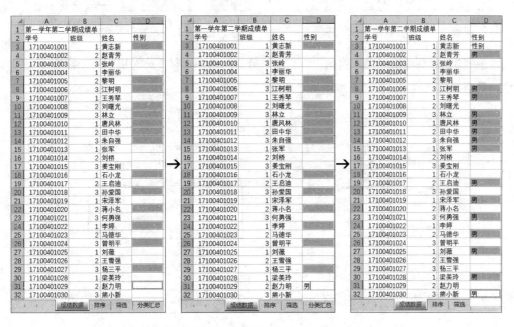

图4.28　利用"填充"列表填充数据

### 4.1.3.3　快捷键输入数据

若要一次性在所选单元格区域填充相同数据，可以使用快捷键来完成。此处以输入"性别"数据为例，介绍使用快捷键输入数据的操作。

配合<Ctrl>键选中要填充数据的单元格，然后输入要填充的数据"男"，输入完毕按<Ctrl+Enter>组合键，如图4.29所示。

使用同样的方法，在该列中输入性别"女"。

图4.29　使用快捷键填充相同数据

### 4.1.3.4　设置数据有效性

在建立工作表的过程中，有时为了保证输入的数据都在其有效范围内，用户可以使用WPS表格提供的"有效性"命令为单元格设置条件，以便在出错时得到提醒，从而快速准确地输入数据。此处以"成绩数据"工作表中的各课程成绩为输入限制条件，将数据大小控制在0～100为例，介绍设置数据有效性的方法。

步骤1：使用鼠标拖动方式选中要设置数据有效性的单元格区域E3：G32（或单击E3单

元格后按住<Shift>键单击G32单元格），然后单击"数据"选项卡"数据工具"组中的"数据验证"按钮"⊞"，打开"数据验证"对话框，如图4.30所示。

步骤2：在"设置"选项卡的"允许"下拉列表中选择"整数"，在"数据"下拉列表中选择"介于"，分别在"最小值"和"最大值"编辑框中输入数值，如图4.31所示。

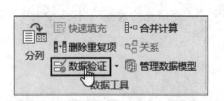

图4.30　单击"数据验证"按钮　　　　　图4.31　设置数据有效性

步骤3：分别单击"输入信息"和"出错警告"选项卡标签，然后在其中设置相应的选项，最后单击"确定"按钮，如图4.32所示。

图4.32　设置数据有效性选项

步骤4：单击设置了数据有效性的单元格，会显示输入信息提示，然后就可以输入各课程成绩数据，如图4.33所示。

当在设置了数据有效性的单元格中输入了不符合条件的数据时，会出现出错警告，如图4.34所示。单击"重试"按钮，重新输入；若单击"取消"按钮，则取消用户当前的操作。

计算机应用基础教程（Windows 10+WPS Office 2019）

| 1 | A | B | C | D | E | F | G |
|---|---|---|---|---|---|---|---|
| 1 | 第一学年第二学期成绩单 | | | | | | |
| 2 | 学号 | 班级 | 姓名 | 性别 | 网络基础 | 高等数学 | 专业英语 |
| 3 | 17100401001 | 1 | 黄志新 | 男 | 97 | 85 | 99 |
| 4 | 17100401002 | 2 | 赵青芳 | 女 | 95 | 91 | 84 |
| 5 | 17100401003 | 3 | 张岭 | 女 | 83 | 99 | 92 |
| 6 | 17100401004 | 1 | 李丽华 | 女 | 94 | 84 | 94 |
| 7 | 17100401005 | 2 | 黎明 | 男 | 86 | 99 | 82 |
| 8 | 17100401006 | 3 | 江树明 | 男 | 84 | 96 | 76 |
| 9 | 17100401007 | 1 | 王秀琴 | 女 | 95 | 67 | 96 |
| 10 | 17100401008 | 2 | 刘曙光 | 男 | 92 | 63 | 88 |
| 11 | 17100401009 | 3 | 林立 | 男 | 97 | 63 | 83 |
| 12 | 17100401010 | 1 | 唐风林 | 男 | 91 | 68 | 68 |
| 13 | 17100401011 | 2 | 田中华 | 男 | 78 | 66 | 88 |
| 14 | 17100401012 | 3 | 朱自强 | 男 | 83 | 54 | 95 |
| 15 | 17100401013 | 1 | 张军 | 男 | 99 | 65 | 63 |
| 16 | 17100401014 | 2 | 刘桥 | 女 | 81 | 88 | 46 |
| 17 | 17100401015 | 3 | 姜宝刚 | 女 | 88 | 45 | 84 |
| 18 | 17100401016 | 1 | 石小龙 | 男 | 65 | 65 | 85 |
| 19 | 17100401017 | 2 | 王启迪 | 女 | 68 | 62 | 85 |
| 20 | 17100401018 | 3 | 孙爱国 | 男 | 65 | 88 | 46 |
| 21 | 17100401019 | 1 | 宋泽军 | 男 | 59 | 85 | 46 |
| 22 | 17100401020 | 2 | 蒋小名 | 男 | 98 | 94 | |
| 23 | 17100401021 | 3 | 何勇强 | 女 | 29 | 88 | 77 |
| 24 | 17100401022 | 1 | 李婷 | 男 | 63 | 46 | 81 |
| 25 | 17100401023 | 2 | 马德华 | 女 | 89 | 96 | |
| 26 | 17100401024 | 3 | 曾明申 | 男 | 93 | 66 | 23 |
| 27 | 17100401025 | 1 | 刘薇 | 女 | 96 | 65 | 87 |
| 28 | 17100401026 | 2 | 王雪强 | 女 | 58 | 64 | 46 |
| 29 | 17100401027 | 3 | 杨三平 | 女 | 55 | 45 | 84 |
| 30 | 17100401028 | 1 | 梁美玲 | 女 | 63 | 60 | 38 |
| 31 | 17100401029 | 2 | 赵力明 | 男 | 95 | 38 | 18 |
| 32 | 17100401030 | 3 | 熊小新 | 女 | 88 | 54 | 60 |

成绩数据　排序　筛选　分类汇总　⊕

图4.33　利用数据有效性输入数据

> **提示**
>
> 如果需要清除单元格的有效性设置，只需选中设置了数据有效性的单元格区域，然后在"数据验证"对话框中单击"全部清除"按钮即可。

图4.34　错误信息提示

## 4.1.4　设置单元格格式

### 4.1.4.1　设置字符格式

步骤1：选中A1:L1单元格区域，然后在"开始"选项卡的"对齐方式"组中单击"合并后居中"按钮"⊟"，将所选单元格区域合并制作表头。

步骤2：在"开始"选项卡的"字体"组中选择"字体"为"隶书"，字号为"24"，字体颜色为"蓝色"，效果如图4.35所示。

图4.35　制作表头并设置其字符格式

步骤3：选中A2:L32单元格区域，在"开始"选项卡"字体"组的"字体"下拉列表中依次选择宋体和Times New Roman，再设置字号为12，如图4.36所示。

步骤4：设置A2:L2单元格区域的字符格式为微软雅黑、13、紫色。

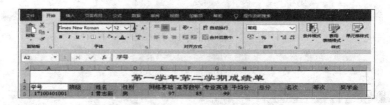

图4.36 设置单元格区域的字符格式

### 4.1.4.2 设置对齐方式

通常情况下，输入到单元格中的文本为左对齐，数字为右对齐，逻辑值和错误值为居中对齐。用户可以通过设置单元格的对齐方式，使整个表格看起来更整齐。

要设置单元格内容的对齐方式，可在选中单元格或单元格区域后直接单击"开始"选项卡"对齐方式"组中的相应按钮。

步骤1：选中A2:L2单元格区域后，在"开始"选项卡的"对齐方式"组中单击"底端对齐"和"居中"按钮"　"，使所选单元格中的数据在单元格的中部底端对齐。

步骤2：选中A3:L32单元格区域，然后在"开始"选项卡的"对齐方式"组中单击"居中"按钮，使所选单元格中的数据在单元格中居中对齐，如图4.37所示。

图4.37 设置单元格的对齐方式

> **提示** 也可单击"字体"组或"对齐方式"组右下角的对话框启动器按钮，在打开的"设置单元格格式"对话框中设置字符格式和对齐方式等。

### 4.1.4.3 设置数字格式

WPS表格提供了多种数字格式，如数值格式、货币格式、日期格式、百分比格式、会计专用格式等，灵活地利用这些数字格式，可使制作的表格更加专业和规范。

步骤1：选择要设置格式的单元格区域H3：H32，然后单击"开始"选项卡"数字"组右下角的对话框启动器按钮，打开"设置单元格格式"对话框的"数字"选项卡。

步骤2：在"分类"列表中选择数字类型，如"数值"，在右侧设置相关格式，如小数位数等，单击"确定"按钮，如图4.38所示。由于本例还没有在"平均分"列中计算出数据，因此暂时还看不到设置效果。

用户也可直接在功能区"开始"选项卡"数字"组的"数字格式"下拉列表中选择数字类型，以及单击相关按钮来设置数字格式，如图4.39所示。

图4.38　使用对话框设置数字格式

图4.39　使用"数字"组设置数字格式

#### 4.1.4.4　设置边框和底纹

在WPS表格工作表中，虽然从屏幕上看每个单元格都带有浅灰色的边框线，但是实际打印时不会出现任何线条。为了使表格中的内容更加清晰明了，可以为表格添加边框。此外，通过为某些单元格添加底纹，可以衬托或强调这些单元格中的数据，同时使表格显得更美观。

步骤1：选定要添加边框的单元格区域A2：L32，然后单击"开始"选项卡"字体"组中"边框"按钮右侧的下拉按钮，在展开的下拉列表中选择"所有框线"选项，为选中的单元格区域添加边框线，如图4.40所示。

步骤2：选中A2：L2单元格区域，然后单击"开始"选项卡"字体"组中"填充颜色"按钮右侧的下拉按钮，在展开的下拉列表中选择"橙色"，如图4.41所示。

> **提示**　如果要为工作表设置复杂的边框和底纹，可在"设置单元格格式"对话框的"边框"和"底纹"选项卡中进行设置，如为表格设置内外不同颜色和粗细的边框线，为表格设置渐变或图案背景等。

计算机应用基础教程（Windows 10+WPS Office 2019）

图4.40　选择"所有框线"选项

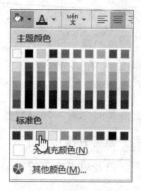

图4.41　选择"橙色"

### 4.1.4.5　调整行高和列宽

默认情况下，WPS表格中所有行的高度和所有列的宽度都是相等的。用户可以利用鼠标拖动方式和"格式"列表中的命令来调整行高和列宽。

（1）将鼠标指针移至要调整行高的行号的下框线处，待鼠标指针变形状后按下鼠标左键上下拖动（此时在工作表中将显示出一个提示行高的信息框），到合适位置后释放鼠标左键，即可调整所选行的行高，如图4.42所示。

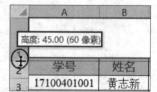

图4.42　调整行高

> **提示**　　若要调整多行行高，可同时选中多行，然后再使用以上方法调整。此外，若要调整某列或多列单元格的宽度，只需将鼠标指针移至要调整列的列标右边线处，待指针变成"✛"形状后按下鼠标左键左右拖动，到合适位置后释放鼠标左键即可。

（2）要精确调整行高，可先选中要调整行高的单元格或单元格区域，本例同时选中第2行至第32行，然后右击所选行，在弹出的快捷菜单中选择"行高"选项，或单击"开始"选项卡"单元格"组中的"格式"按钮，在展开的下拉列表中选择"行高"选项，接着在打开的"行高"对话框中设置行高值，单击"确定"按钮，如图4.43所示。

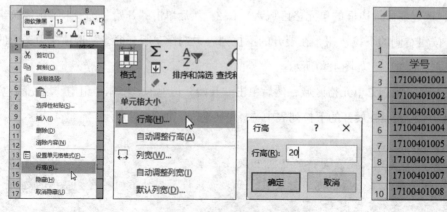

图4.43　精确调整多行行高

（3）拖动鼠标选中 E ：G 列，然后将鼠标指针移到选中的任意列右侧的边框线，待鼠标指针变成如图 4.44 所示的形状后双击，将选中多列的列宽调整为最合适列宽。

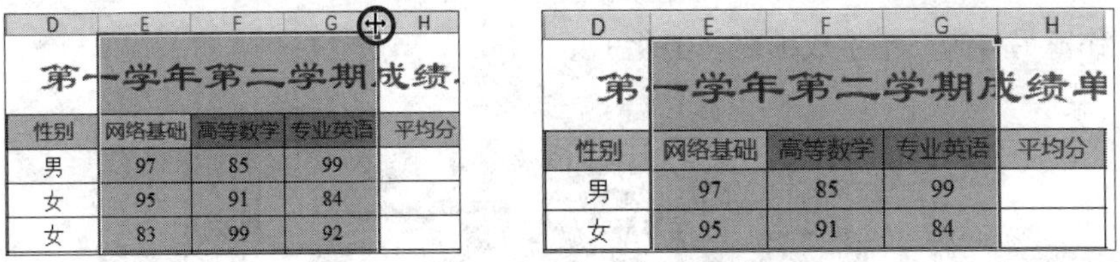

图 4.44　将列宽调整到最合适

> 要精确调整列宽，可在选中要调整的单元格或单元格区域后，在"格式"下拉列表中选择"列宽"选项，然后在打开的对话框中进行设置。
>
> 此外，将鼠标指针移至行号下方的边线上，待指针变成"+"形状后双击边线，系统会根据单元格中数据的高度自动调整行高；也可在选中要调整的单元格或单元格区域后，在"格式"下拉列表中选择"自动调整行高"或"自动调整列宽"选项，自动调整行高和列宽。

### 4.1.4.6　自动套用格式

除了利用前面介绍的方法美化表格外，WPS 表格 2019 还提供了许多内置的单元格样式和表样式，利用它们可以快速对表格进行美化。

（1）应用单元格样式。选中要套用单元格样式的单元格区域，如 A2：L2，然后单击"开始"选项卡"样式"组中的"其他"按钮 ，在展开的下拉列表中选择要应用的样式，如"标题 3"，如图 4.45 所示。

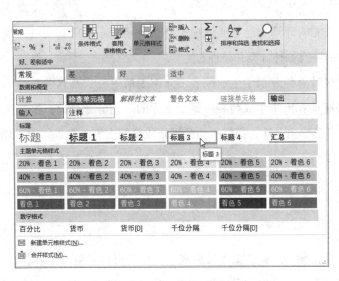

图 4.45　单元格样式列表

（2）应用表样式。选中要应用表样式的单元格区域，然后单击"开始"选项卡"样式"组中的"套用表格格式"按钮，在展开的下拉列表中单击要使用的表格样式，再在打开的"套用表格式"对话框中单击"确定"按钮，如图4.46所示。

将工作簿另存为"学生成绩表（美化）"。

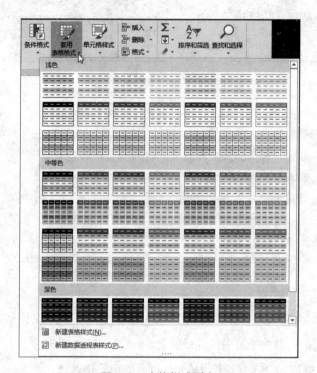

图 4.46　表格样式列表

# 任务 4.2　处理学生成绩表数据

WPS 2019强大的计算功能主要依赖于公式及函数，利用它们可以对表格中的数据进行各种计算和处理。

本任务将通过计算与分析学生成绩表，介绍表格中公式及其函数的使用方法，快速计算出学生成绩表中每个学生的平均分、总分，根据总成绩由高到低分排出名次，根据平均分判断成绩等次等，效果如图4.47所示。

任务4.2　▶

## 4.2.1　基本概念

### 4.2.1.1　公式

公式由运算符和参与运算的操作数组成。运算符可以是算术运算符、比较运算符、文本运算符和引用运算符；操作数可以是常量、单元格引用和函数等。要输入公式必须先输入"="，然后在其后输入运算符和操作数，否则 WPS 表格会将输入的内容作为文本型数据处理。如图4.48所示分别是在某个单元格中输入的未使用函数和使用函数的公式。

| 学号 | 班级 | 姓名 | 性别 | 网络基础 | 高等数学 | 专业英语 | 平均分 | 总分 | 名次 | 等次 | 奖学金 |
|---|---|---|---|---|---|---|---|---|---|---|---|
| \ | \ | \ | \ | \ | \ | 第一学年第二学期成绩单 | \ | \ | \ | \ | \ |
| 18100401001 | 1 | 黄志新 | 男 | 97 | 85 | 99 | 93.7 | 281 | 1 | 优 | 200 |
| 18100401002 | 2 | 赵青芳 | 女 | 95 | 91 | 84 | 90.0 | 270 | 4 | 良 | 150 |
| 18100401003 | 3 | 张岭 | 男 | 83 | 99 | 92 | 91.3 | 274 | 2 | 优 | 200 |
| 18100401004 | 1 | 李丽华 | 女 | 94 | 84 | 94 | 90.7 | 272 | 3 | 优 | 200 |
| 18100401005 | 1 | 黎明 | 男 | 86 | 99 | 82 | 89.0 | 267 | 5 | 良 | 150 |
| 18100401006 | 3 | 江树明 | 男 | 84 | 96 | 76 | 85.3 | 256 | 7 | 中 | 100 |
| 18100401007 | 1 | 王秀琴 | 女 | 95 | 67 | 96 | 86.0 | 258 | 6 | 优 | 200 |
| 18100401008 | 2 | 刘曙光 | 男 | 92 | 63 | 88 | 81.0 | 243 | 8 | 良 | 150 |
| 18100401009 | 3 | 林立 | 男 | 97 | 63 | 83 | 81.0 | 243 | 8 | 良 | 150 |
| 18100401010 | 1 | 唐凤林 | 男 | 91 | 68 | 68 | 75.7 | 227 | 13 | 及格 | 50 |
| 18100401011 | 2 | 田中华 | 男 | 78 | 86 | 68 | 77.3 | 232 | 10 | 良 | 150 |
| 18100401012 | 3 | 朱自强 | 男 | 83 | 54 | 95 | 77.3 | 232 | 10 | 优 | 200 |
| 18100401013 | 1 | 张军 | 女 | 99 | 65 | 63 | 75.7 | 227 | 13 | 及格 | 50 |
| 18100401014 | 2 | 刘桥 | 女 | 81 | 88 | 46 | 71.7 | 215 | 16 | 不及格 | 0 |
| 18100401015 | 3 | 娄宝刚 | 女 | 88 | 45 | 84 | 72.3 | 217 | 15 | 良 | 150 |
| 18100401016 | 1 | 石小龙 | 男 | 65 | 65 | 85 | 71.7 | 215 | 16 | 良 | 150 |
| 18100401017 | 2 | 王启迪 | 女 | 68 | 62 | 85 | 71.7 | 215 | 16 | 良 | 150 |
| 18100401018 | 3 | 孙爱国 | 男 | 65 | 88 | 46 | 66.3 | 199 | 20 | 不及格 | 0 |
| 18100401019 | 1 | 宋泽军 | 女 | 59 | 85 | 46 | 63.3 | 190 | 23 | 不及格 | 0 |
| 18100401020 | 2 | 蒋小名 | 男 | 98 | 94 | \ | 96.0 | 192 | 22 | 不及格 | 0 |
| 18100401021 | 3 | 何勇强 | 女 | 29 | 88 | 77 | 64.7 | 194 | 21 | 中 | 100 |
| 18100401022 | 1 | 李婷 | 男 | 63 | 46 | 81 | 63.3 | 190 | 23 | 良 | 150 |
| 18100401023 | 2 | 马德华 | 男 | 89 | 96 | \ | 92.5 | 185 | 25 | 不及格 | 0 |
| 18100401024 | 1 | 曾明平 | 男 | 93 | 66 | 23 | 60.7 | 182 | 27 | 不及格 | 0 |
| 18100401025 | 1 | 刘薇 | 女 | 96 | 46 | 87 | 76.3 | 229 | 12 | 良 | 150 |
| 18100401026 | 2 | 王雪强 | 女 | 58 | 64 | 46 | 56.0 | 168 | 28 | 不及格 | 0 |
| 18100401027 | 3 | 杨三平 | 女 | 55 | 45 | 84 | 61.3 | 184 | 26 | 良 | 150 |
| 18100401028 | 1 | 梁美玲 | 女 | 63 | 60 | 38 | 53.7 | 161 | 29 | 不及格 | 0 |
| 18100401029 | 2 | 赵力明 | 男 | 95 | 38 | 18 | 50.3 | 151 | 30 | 不及格 | 0 |
| 18100401030 | 3 | 熊小新 | 男 | 88 | 54 | 60 | 67.3 | 202 | 19 | 及格 | 50 |

| | 总分最高分 | 281 | 等次 | 奖金标准 |
|---|---|---|---|---|
| | 总分最低分 | 151 | 优 | 200 |
| | 高等数学的及格人数 | 26 | 良 | 150 |
| | 专业英语的实考人数 | 30 | 中 | 100 |
| | 女生奖学金总额 | 1550 | 及格 | 50 |
| | | | 不及格 | 0 |

成绩数据　排序　筛选　分类汇总

图4.47　学生成绩表数据效果图

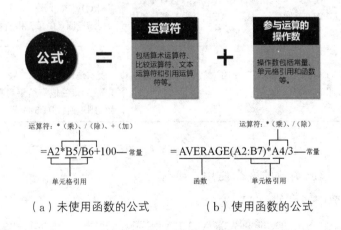

（a）未使用函数的公式　　　（b）使用函数的公式

图4.48　公式的组成元素

图4.48（a）公式的意义是：求A2单元格与B5单元格之积再除以B6单元格后加100的值。

图4.48（b）公式的意义是：使用函数AVERAGE求单元格区域A2：B7的平均值，并将求出的平均值乘以A4单元格后再除以3。按<Enter>键后，计算结果将显示在输入公式的单元格中。

### 4.2.1.2 函数

函数是预先定义好的表达式，它必须包含在公式中。每个函数都由函数名和参数组成，其中函数名定义了将要执行的操作，参数表示函数将使用的值的单元格地址，通常是一个单元格区域，也可以是更为复杂的内容。常用的函数类型和使用范例见表4.1。

表4.1　　　　　　　　　　　常用的函数类型和使用范例

| 函数类型 | 函　　数 | 使　用　范　例 |
|---|---|---|
| 常用函数 | SUM (求和)、AVERAGE (求平均值)、MAX (求最大值)、MIN(求最小值)、COUNT(计数)等 | =AVERAGE(F2:F7)<br>表示求单元格区域F2:F7中数据的平均值 |
| 财务函数 | DB(资产的折扣值)、IRR(现金流的内部报酬率)、PMT(分期偿还额)等 | =PMT(B4,B5,B6)<br>表示在输入利率、周期和规则作为变量时，计算周期支付值 |
| 日期与时间函数 | DATE (日期)、HOUR (小时数)、SECOND (秒数)、TIME (时间)等 | =DATE(C2,D2,E2)<br>表示返回C2,D2,E2单元格所代表的日期的序列号 |
| 数学与三角函数 | ABS (求绝对值)、EXP (求指数)、SIN (求正弦值)、ACOSH (求反双曲余弦值)、INT (求整数)、LOG (求对数)、ROUND (四舍五入)等 | =ABS(E4)<br>表示得到E4单元格中数值的绝对值 |
| 统计函数 | COUNTA (非空单元格计数)、COUNTBLANK (空单元格计数)、COUNTIF (条件统计)、SUMIF (条件求和)、AVEDEV (绝对误差的平均值)、COVAR (求协方差)、RANK.EQ (求排名)等 | =COUNTIF(H3:H13,10)<br>表示统计单元格区域H3:H13中数值为10的单元格个数 |
| 查找与引用函数 | ADDRESS (单元格地址)、AREAS (区域个数)、COLUMN (返回列标)、LOOKUP(从向量或数组中查找值)、ROW(返回行号)等 | =ROW(C10)<br>表示返回C10单元格所在行的行号 |
| 逻辑函数 | AND (与)、OR (或)、FALSE (假)、TRUE (真)、IF(如果)、NOT (非)等 | =IF(A3>=B5,A3*2,A3/B5)<br>表示使用条件测试A3单元格的值是否大于等于B5的值，结果为真返回A3*2的值，为假则返回A3/B5的值 |

在某些情况下，可以将某函数作为另一函数的参数使用，形成函数的嵌套使用。如图4.49所示，IF函数中嵌套使用AVERAGE函数和SUM函数。本例公式的功能是先将AVERAGE函数的结果与75进行比较，当单元格区域A2：A9的平均值大于或等于75时，本公式才会对单元格区域B2：B9求和，否则返回值为0。

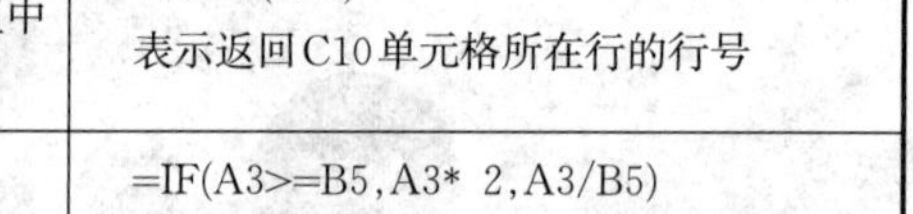

=IF(AVERAGE(A2:A9)>=75, SUM(B2:B9), 0)

嵌套函数　　　　嵌套函数

图4.49　函数嵌套

### 4.2.1.3　运算符

运算符是对公式中的元素进行运算而规定的特殊符号。EXCEL表格中包含4种类型的运算符：算术运算符、比较运算符、文本运算符和引用运算符。

（1）算术运算符。算术运算符有6个，见表4.2，其作用是完成基本的数学运算，并产生数值结果。

表4.2　　　　　　　　　　　算术运算符及其含义

| 算术运算符 | 含义 | 实例 | 算术运算符 | 含义 | 实例 |
|---|---|---|---|---|---|
| +（加号） | 加法 | A1+A2 | /（正斜杠） | 除法 | A1/3 |
| −（减号） | 减法或负数 | A1−A2 | %（百分号） | 百分比 | 50% |
| *（星号） | 乘法 | A1*2 | ∧（脱字号） | 乘方 | 2∧3 |

（2）比较运算符。比较运算符有6个，见表4.3，其作用是比较两个值，并得出一个逻辑值，即TRUE（真）或FALSE（假）。

表4.3　　　　　　　　　　　比较运算符及其含义

| 比较运算符 | 含义 | 比较运算符 | 含义 |
|---|---|---|---|
| >（大于号） | 大于 | >=（大于等于号） | 大于等于 |
| <（小于号） | 小于 | <=（小于等于号） | 小于等于 |
| =（等于号） | 等于 | <>（不等于号） | 不等于 |

（3）文本运算符。使用文本运算符"&"（与）可将两个或多个文本值串起来，产生一个连续的文本值。

例如，在A1单元格中输入"李"，在B1单元格中输入"刚"，若要在C1单元格中合并两个文本（即C1单元格中显示"李刚"），则应输入"=A1&B1"而不是"=A1+B1"。

输入"祝你"&"快乐、开心！"会生成"祝你快乐、开心！"。

（4）引用运算符。引用运算符有3个，见表4.4，其作用是对单元格区域中的数据进行合并计算。

表4.4　　　　　　　　　　　引用运算符及其含义

| 引用运算符 | 含义 | 实例 |
|---|---|---|
| :（冒号） | 区域运算符，用于引用单元格区域 | B5:D15 |
| ,（逗号） | 联合运算符，用于引用多个单元格区域 | B5:D15,F5:I15 |
| （空格） | 交叉运算符，用于引用两个单元格区域的交叉部分 | B7:D7 C6:C8 |

### 4.2.1.4　单元格引用

单元格引用可用来指明公式中所使用的数据的位置。在公式中可以引用一个单元格，也可以引用单元格区域。当公式中引用的单元格数值发生变化时，公式的计算结果也会自动更新。

通过单元格引用，可以在一个公式中使用同一个工作表中不同单元格的数据，也可以在多个公式中使用同一个单元格中的数据；还可以引用同一个工作簿中不同工作表的数据，甚至还可以引用不同工作簿中的数据。对于单元格引用，有以下两点说明。

（1）相同或不同工作簿、工作表间的引用。

1）对于同一工作表中的单元格引用，直接输入单元格或单元格区域地址即可。

在当前工作表中引用同一工作簿的不同工作表中的单元格的表示方法为：工作表名称！单元格或单元格区域地址。

例如，Sheet2！F8：F16，表示引用Sheet2工作表中单元格区域F8：F16的数据。

2）在当前工作表中引用不同工作簿中的单元格的表示方法为：工作簿路径\[工作簿名称.xlsx]工作表名称！单元格或单元格区域地址。

例如，D：\项目5\任务5.1\[学生成绩表.xlsx]Sheet2！B1，表示引用路径为"D：\项目5\任务5.1"的"学生成绩表.xlsx"工作簿的Sheet2工作表中B1单元格的数据。

当引用某个单元格区域时，应先输入单元格区域起始位置的单元格地址，然后输入引用运算符，再输入单元格区域结束位置的单元格地址。

（2）相对引用、绝对引用和混合引用。

1）相对引用：相对引用是单元格引用的默认方式，它直接用单元格的列标和行号表示单元格，如B5；或用引用运算符表示单元格区域，如B5：D15。在移动或复制公式时，系统会根据移动的位置自动调整公式中引用的单元格地址。

2）绝对引用：绝对引用是指在单元格的列标和行号前面都加上"$"符号，如$B$5。无论将公式复制或移动到什么位置，绝对引用的单元格地址都不会改变。

3）混合引用：指引用中既包含绝对引用又包含相对引用，如A$1或$A1，用于表示列变行不变或列不变行变的引用。

## 4.2.2　常用函数的应用

### 4.2.2.1　使用求和按钮计算平均分

步骤1：打开学生成绩表，单击要计算平均分的单元格H3，然后单击"开始"选项卡"编辑"组中的"求和"按钮右侧的下拉按钮，在展开的下拉列表中选择"平均值"选项，如图4.50所示。

步骤2：此时，可看到单元格和编辑栏中自动显示要计算平均值的单元格区域，如图4.51所示，对该区域进行确认。如果不正确的话，可以在工作表中拖动鼠标重新选择，这里保持默认。

步骤3：按"Enter"键，即可计算出第一个学生的平均分，如图4.52所示。

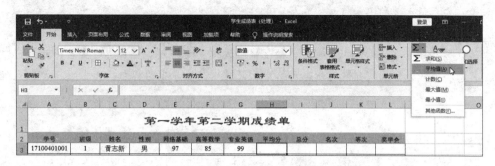

图4.50　选择"平均值"选项

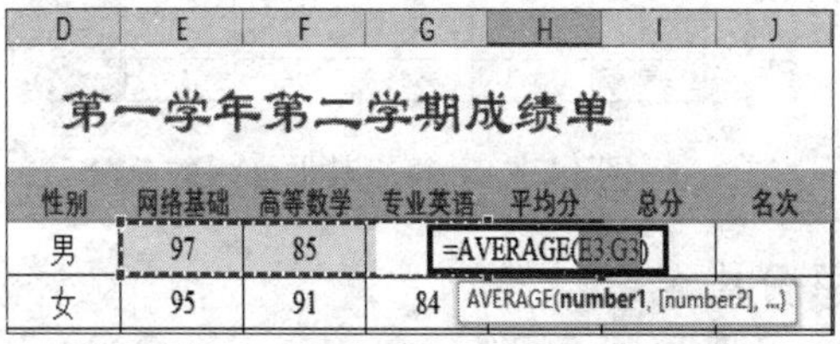

图4.51　显示要计算平均值的单元格区域 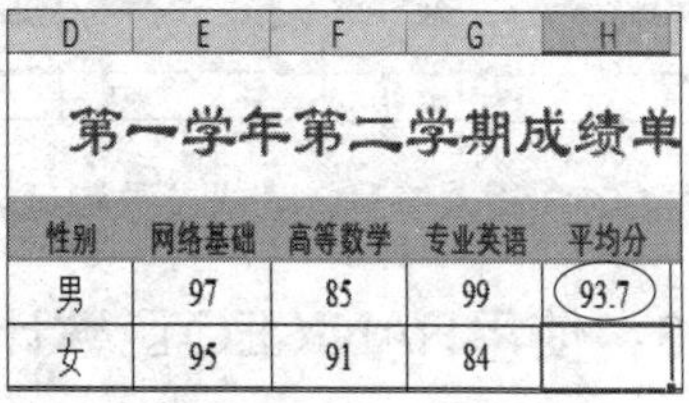　　图4.52　计算出第一个学生的平均分

步骤4：选中含有公式的单元格H3，将鼠标指针移到该单元格右下角的填充柄处，此时鼠标指针由空心十字形变成实心的十字形，按住鼠标左键向下拖动，至目标位置后释放鼠标，将求平均值公式复制到同列的其他单元格中，计算出其他学生的平均分，如图4.53所示。

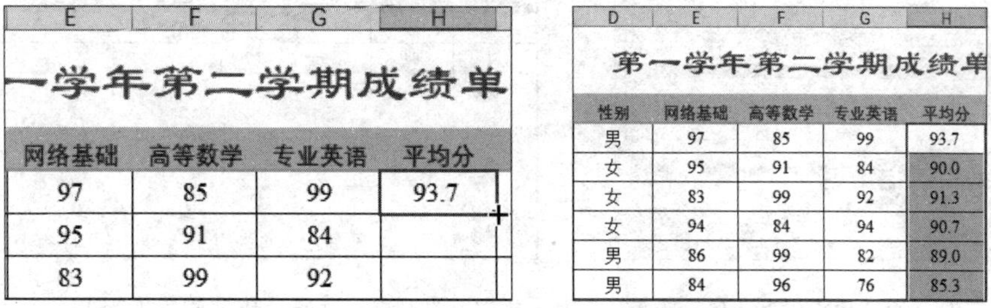

图4.53　利用填充柄计算所有学生的平均分

### 4.2.2.2　使用求和按钮计算总分

单击要计算总分的单元格I3，然后单击"开始"选项卡"编辑"组中的"求和"按钮右侧的下拉按钮，在展开的下拉列表中选择"求和"选项。此时，单元格中会出现求和公式"=SUM（E3：H3）"，公式中引用的单元格区域是系统自动识别的，这里需重新选取（E3：G3）的数据。按<Enter>键或单击编辑栏中的"输入"按钮结束公式编辑，计算出第一个学生的总分。使用填充柄的方法计算出其他学生的总分。

**提示**　　也可以用公式来计算总分，单击要计算总分的单元格I3，输入等号"="，然后输入要参与运算的单元格和运算符E3+F3+G3，如图4.54所示。也可以直接单击要参与运算的单元格，将其添加到公式中。将鼠标指针移到I3单元格右下角的填充柄处，待鼠标指针变成实心的十字形时，按住鼠标左键向下拖动，至目标位置后释放鼠标，将求和公式复制到同列的其他单元格中，计算出其他学生的总分，如图4.55所示。

图4.54　输入等号、公式参数和运算符　　　　图4.55　计算出其他学生的总分

### 4.2.2.3　使用RANK.EQ函数计算总分排名

步骤1：单击"名次"列中的单元格J3，单击编辑栏左侧的"插入函数"按钮，打开"插入函数"对话框，选择"统计"类别，然后选择"RANK.EQ"函数，如果4.56所示。

步骤2：单击"确定"按钮，打开"函数参数"对话框，单击第一个参数编辑框，然后在工作表中选择要进行排位的单元格I3，如图4.57所示。

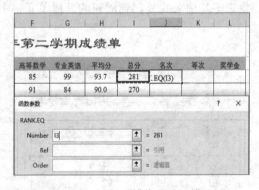

图4.56　选择"RANK.EQ"函数　　　　　　图4.57　选择要排位的单元格I3

**提示**　　RANK.EQ函数的语法为：RANK.EQ(Number,Ref,Order)。其中：

Number：要进行排位的数字。

Ref：参与排位的数字列表或单元格区域。Ref中的非数值型数据将被忽略。

Order：设置数字列表中数字的排位方式。若Order为0（零）或省略，系统将基于Ref按降序对数字进行排位；若Order不为0，系统将基于Ref按升序对数字进行排位。

函数RANK.EQ对重复数的排位相同，但重复数的存在将影响后续数值的排位。

例如：在一列按升序排位的整数中，如果数字10出现两次，其排位为5，则11的排位为7（没有排位为6的数值）。

106

步骤3：单击第2个参数编辑框，然后在工作表中拖动鼠标选择参与排位的单元格区域I3：I32，松开鼠标可在编辑框中看到选择的单元格区域。

步骤4：按键盘上的<F4>键将选择的单元格区域转换为绝对引用，这样可以保证后面复制排序公式时，公式内容不变，从而使返回的排名准确，此时的"函数参数"对话框如图4.58所示。

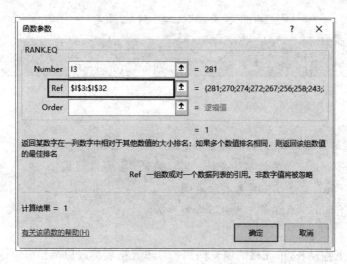

图4.58　在所选单元格区域的行号和列标前加"$"符号

步骤5：单击"确定"按钮，计算出第一个学生的排名名次，即J3单元格在单元格区域I3：I32中的排名。拖动J3单元格的填充柄到单元格J32，计算出其他学生的名次，结果如图4.59所示。

| | A | B | C | D | E | F | G | H | I | J |
|---|---|---|---|---|---|---|---|---|---|---|
| 26 | 17100401024 | 4 | 曾明平 | 男 | 93 | 66 | 23 | 60.7 | 182 | 27 |
| 27 | 17100401025 | 1 | 刘薇 | 女 | 96 | 46 | 87 | 76.3 | 229 | 12 |
| 28 | 17100401026 | 2 | 王雪强 | 女 | 58 | 64 | 46 | 56.0 | 168 | 28 |
| 29 | 17100401027 | 3 | 杨三平 | 女 | 55 | 45 | 84 | 61.3 | 184 | 26 |
| 30 | 17100401028 | 1 | 梁美玲 | 女 | 63 | 60 | 38 | 53.7 | 161 | 29 |
| 31 | 17100401029 | 2 | 赵力明 | 男 | 95 | 38 | 18 | 50.3 | 151 | 30 |
| 32 | 17100401030 | 3 | 熊小新 | 女 | 88 | 54 | 60 | 67.3 | 202 | 19 |

J3 单元格公式：=RANK.EQ(I3,$I$3:$I$32)

工作表标签：成绩数据　排序　筛选　分类汇总

图4.59　复制公式计算其他学生的名次

### 4.2.2.4　使用IF函数判断平均分等次

使用IF函数根据平均分来判断学生的等次。该函数的作用是执行真假值判断，根据逻辑计算的真假值返回不同结果。

假设平均分大于等于90为优，大于等于80为良，大于等于70为中，大于等于60为及格，其他为不及格。

步骤1：根据假设条件，在K3单元格中输入公式"=IF（H3>=90,"优",IF（H3>=80,"良",IF（H3>=70,"中",IF（H3>=60,"及格",IF（H3<60,"不及格"，0）)))))"，如图4.60所示。

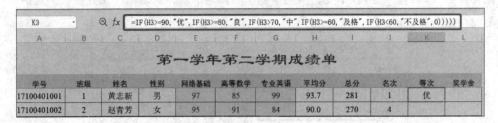

图4.60　输入公式

提示

IF函数的语法格式为：IF(logical_test,value_if_true,value_if_false)。其中：

logical_test：表示要选取的条件，可以为任意值或表达式。

value_if_true：表示条件为真时返回的值。

value_if_false：表示条件为假时返回的值。

步骤2：向下拖动K3单元格的填充柄到K32单元格后释放鼠标，可依据平均分判断出所有学生的等次。

### 4.2.2.5　使用MAX和MIN函数计算总分最高分和最低分

MAX和MIN这两个函数的作用是计算一组数值中的最大值或最小值。

在工作表数据的下方创建计算表格，如图4.61所示。

| 32 | 17100401030 | 3 | 熊小新 | 女 | 88 | 54 | 60 | 67.3 |
| --- | --- | --- | --- | --- | --- | --- | --- | --- |
| 33 | | | | | | | | |
| 34 | | | 总分最高分 | | | | 等次 | 奖金标准 |
| 35 | | | 总分最低分 | | | | 优 | 200 |
| 36 | | | 高等数学的及格人数 | | | | 良 | 150 |
| 37 | | | 专业英语的实考人数 | | | | 中 | 100 |
| 38 | | | 女生 奖学金总额 | | | | 及格 | 50 |
| 39 | | | | | | | 不及格 | 0 |

成绩数据　排序　筛选　分类汇总　⊕

图4.61　创建计算表格

（1）在单元格F34输入公式"=MAX（I3：I32）"，按<Enter>键得到总分最高分，如图4.62所示。

（2）在单元格F35输入公式"=MIN（I3：I32）"，按<Enter>键得到总分最低分，如图4.63所示。

| 总分最高分 | (281) |
|---|---|
| 总分最低分 | |
| 高等数学的及格人数 | |
| 专业英语的实考人数 | |
| 女生 奖学金总额 | |

| 总分最高分 | 281 |
|---|---|
| 总分最低分 | (151) |
| 高等数学的及格人数 | |
| 专业英语的实考人数 | |
| 女生 奖学金总额 | |

图4.62　计算总分最高分　　　　　　图4.63　计算总分最低分

### 4.2.2.6　使用COUNTIF和COUNT函数统计人数

下面使用COUNTIF和COUNT函数统计高等数学课程的及格人数与专业英语的实考人数。COUNTIF函数的作用是统计单元格区域中满足给定条件的单元格的个数；COUNT的作用是统计单元格区域中含有数字的单元格的个数。

（1）在单元格F36输入公式"=COUNTIF（F3：F32，">=60"）"，按<Enter>键得到高等数学课程的及格人数，如图4.64所示。

> **提示**
>
> COUNTIF函数的语法格式为：COUNTIF(range,criteria)。其中：
> range：表示用于条件判断的单元格区域。
> criteria：表示求和判断的条件，其形式可以为数字、表达式或文本。

（2）在单元格F37输入公式"=COUNT（G3：G32）"，按<Enter>键得到专业英语课程的实际参加考试人数，如图4.65所示。

| 总分最高分 | 281 | 等次 | 奖金标准 |
|---|---|---|---|
| 总分最低分 | 151 | 优 | 200 |
| 高等数学的及格人数 | (23) | 良 | 150 |
| 专业英语的实考人数 | | 中 | 100 |
| 女生奖学金总额 | | 及格 | 50 |
| | | 不及格 | 0 |

| 总分最高分 | 281 | 等次 | 奖金标准 |
|---|---|---|---|
| 总分最低分 | 151 | 优 | 200 |
| 高等数学的及格人数 | 23 | 良 | 150 |
| 专业英语的实考人数 | (28) | 中 | 100 |
| 女生奖学金总额 | | 及格 | 50 |
| | | 不及格 | 0 |

图4.64　统计高等数学的及格人数　　　　图4.65　统计专业英语的实考人数

> **提示**
>
> COUNT函数的语法格式为：COUNT(value1,value2,…)。其中：
> value1，value2等为包含或引用各种类型数据的参数（1～255个），但只有数字类型的数据才被计算。至少要有一个参数。

### 4.2.2.7　使用REPLACE函数替换学号

使用REPLACE函数将学号中的前两位数字"17"替换为"18"。该函数的作用是用新字符串替换旧字符串，而且替换的位置和数量都是指定的。

步骤1：在"学号"列的右侧插入一个辅助列。右击B列，在弹出的快捷菜单中选择"插入"选项，如图4.66所示。

步骤2：在辅助列的B3单元格输入公式"=REPLACE（A3，1，2,"18"）"，按<Enter>键得到替换结果，如图4.67所示。

图4.66 选择"插入"选项　　　　图4.67 输入公式得到结果

**提示**

REPLACE 函数的语法格式为：REPLACE(old_text,start_num,num_chars,new_text)。其中：

old_text：表示要替换其部分字符的文本。

start_num：表示要用new_text替换的old_text中字符的位置。

num_chars：表示使用new_text替换old_text中字符的个数。

new_text：表示用于替换old_text中字符的文本。

步骤3：向下拖动B3单元格的填充柄，到B32单元格后释放鼠标，可看到所有学号的替换效果。

步骤4：选中B3：B32单元格区域，然后按<Ctrl+C>组合键，将选择的单元格区域数据复制，单击A3单元格，然后单击"开始"选项卡"剪贴板"组中"粘贴"按钮下方的下拉按钮，在展开的下拉列表中选择"值"选项，如图4.68所示，即可将所选数据以值方式粘贴。

步骤5：右击辅助列B，在弹出的快捷菜单中选择"删除"选项，将辅助列删除，效果如图4.69所示。

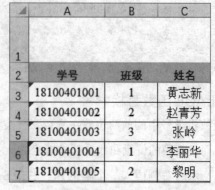

图4.68 选择"值"选项　　　　图4.69 选择"删除"选项删除辅助列

### 4.2.2.8 使用VLOOKUP函数奖励不同等次的学生

使用VLOOKUP函数奖励不同等次的学生。该函数的作用在数据源区域中根据给定的查找值进行他项对应数据查找。假设等次为优的奖励200，为良的150，为中的100，及格的50，其他为0。

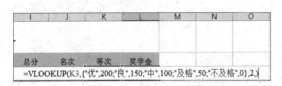

图4.70 输入公式

步骤1：根据假设条件，在L3单元格输入公式"=VLOOKUP（K3,{"优"，200；"良"，150；"中"，100；"及格"，50；"不及格"，0},2，)"，如图4.70所示。

步骤2：按<Enter>键得到查找结果，向下拖动L3单元格的填充柄到L32单元格后释放鼠标，可看到所有学生的奖学金。

> **提示**
>
> VLOOKUP函数的语法格式为：VLOOKUP(lookup_value,table_array,col_index_num, range_lookup)。其中：
>
> lookup_value：表示在数据源区域中要查找的值，可以是具体值或单元格引用
>
> table_array：表示查找范围，即供给查找的数据源区域引用，其第一列数据必须是查找值搜索的数据。
>
> col_index_num：表示查找后返回值所在的列，即通过关键字查找后需要返回他项对应数据所在的列号。该列号必须以数据源区域第一列为自然数"1"起的计数类推。
>
> range_lookup：表示查找方式，即精确查找或模糊查找，为逻辑值True或False。True为模糊或近似查找，False为精确查找。在实际工作中，经常使用精确查找。

### 4.2.2.9 使用SUMIF函数计算女生获得的奖学金总额

使用SUMIF函数计算女生获得的奖学金总额。该函数的作用是根据指定条件对单元格区域中若干符合条件的值求和。

步骤1：在F38单元格输入公式"=SUMIF（D3：D32,"女",L3：L32)"。

步骤2：按<Enter>键得到计算结果，如图4.71所示。

| 总分最高分 | 281 | 等次 | 奖金标准 |
|---|---|---|---|
| 总分最低分 | 151 | 优 | 200 |
| 高等数学的及格人数 | 26 | 良 | 150 |
| 专业英语的实考人数 | 30 | 中 | 100 |
| 女生奖学金总额 | 1550 | 及格 | 50 |
| | | 不及格 | 0 |

图4.71 计算女生获得的奖学金总额

> **提示**
>
> SUMIF函数的语法格式为：SUMIF(range, criteria, sum_range)。其中：
>
> range：表示用于条件判断的单元格区域。
>
> criteria：表示求和判断的条件，其形式可以为数字、表达式或文本。
>
> sum_range：表示条件求和的实际单元格区域，sum_range对求和单元格区域中符合条件的相应单元格进行求和。

项目 4 WPS表格的应用

人生最困难的事情是认识自己。

### 4.2.2.10 条件格式

在WPS表格中应用条件格式，可以让满足特定条件的单元格以醒目方式突出显示，便于对工作表数据进行更好的比较和分析。

此处以将各课程成绩大于80分的单元格用浅红填充色深红色文本突出显示，大于70小于80的用绿填充色深绿色文本突出显示，大于60小于70的单元格用黄填充色深黄色文本突出显示，介绍条件格式的使用方法。

步骤1：选择要添加条件格式的单元格区域，本例选择E3：G32单元格区域。

步骤2：单击"开始"选项卡"样式"组中的"条件格式"按钮，在展开的下拉列表中选择"突出显示单元格规则"选项，再在展开的子列表中选择一种具体的条件，如"大于"选项，如图4.72所示。

步骤3：打开"大于"对话框，参照图4.73所示设置"大于"对话框中的参数。

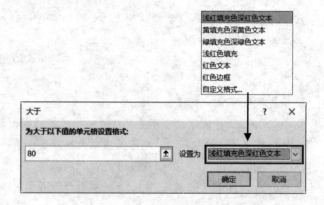

图4.72 选择"大于"按钮　　　　图4.73 设置大于选项

步骤4：单击"确定"按钮。此时，各课程成绩大于80的单元格，背景为浅红色，字体颜色为深红色显示。

步骤5：保持单元格区域的选中，在"条件格式"下拉列表中选择"突出显示单元格规则"/"介于"选项，打开"介于"对话框，设置突出显示参数，如图4.74所示。最后单击"确定"按钮。

步骤6：保持单元格区域的选中，使用同样的方法打开"介于"对话框，设置突出显示参数，如图4.75所示。最后单击"确定"按钮，即可将成绩数据工作表中各分数段突出显示。

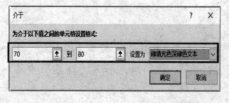
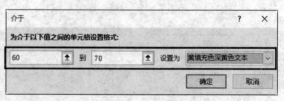

图4.74 设置介于选项（1）　　　　图4.75 设置介于选项（2）

从图4.72可看出，WPS表格 2019提供了5种条件规则，各规则的意义如下：

（1）突出显示单元格规则：突出显示所选单元格区域中符合特定条件的单元格。

（2）最前/最后规则：其作用与突出显示单元格规则相同，只是设置条件的方式不同。

（3）数据条、色阶和图标集：使用数据条、色阶（颜色的种类或深浅）和图标集来标识各单元格中数据值的大小，从而方便查看和比较数据，效果如图4.76所示。设置时，只需在相应的子列表中选择需要的图标即可。

> **提示** 用户可对已应用的条件格式进行修改，方法是在"条件格式"下拉列表中选择"管理规则"选项，打开"条件格式规则管理器"对话框，在"显示其格式规则"下拉列表中选择"当前工作表"选项，此时对话框下方将显示当前工作表中设置的所有条件格式规则（图4.77），在其中修改条件格式并确定即可。

图4.76　利用数据条、色阶和图标标识数据

图4.77　"条件格式规则管理器"对话框

当不需要应用条件格式时，可以将其删除，方法是在"条件格式"下拉列表中选择"清除规则"选项中相应的子项，如图4.78所示。

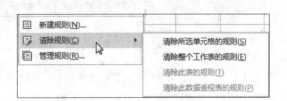

图4.78　清除条件格式

## 4.2.3　保护数据

### 4.2.3.1　保护工作簿

步骤1：选中要进行保护的工作簿，单击"审阅"选项卡"保护"组中的"保护工作簿"按钮"🖳"，如图4.79所示。

步骤2：在打开的对话框中选中"结构"复选框，然后在"密码"编辑框中输入保护密码并单击"确定"按钮，如见图4.80所示，再在打开的对话框中输入同样的密码并确定。

对工作簿执行保存操作后，删除、移动、复制、重命名、隐藏工作表或插入新的工作表等操作均无效（但允许对工作表内的数据进行操作）。

图4.79 单击"保护工作簿"按钮　　　　　图4.80 保护工作簿

要撤销工作簿的保护，可单击"审阅"选项卡"保护"组中的"保护工作簿"按钮，在打开的对话框中输入保护工作簿时设置的密码然后保存，即可撤销工作簿的保护。

### 4.2.3.2　保护工作表

保护工作簿只能防止工作簿的结构不被修改，如果要使工作表中的数据不被别人修改，还需对工作表进行保护，为此可执行如下操作。

步骤1：在工作簿中选择要进行保护的工作表，如"成绩数据"，然后单击"审阅"选项卡"保护"组中的"保护工作表"按钮"⊞"，或在右键菜单中选择"保护工作表"选项，打开"保护工作表"对话框，如图4.81所示。

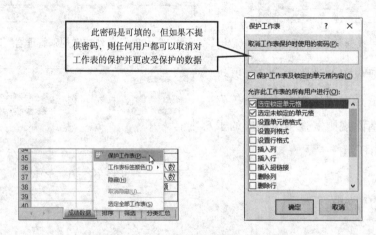

图4.81　打开"保护工作表"对话框

步骤2：在"取消工作表保护时使用的密码"编辑框中输入密码；在"允许此工作表的所有用户进行"列表框中选择允许操作的选项，然后单击"确定"按钮，并在随后打开的对话框中输入同样的密码后单击"确定"按钮。

此时，工作表中的所有单元格都被保护起来，不能进行在"保护工作表"对话框中没有选择的操作。如果试图进行这些操作，系统会弹出提示对话框，提示用户该工作表是受保护。

要撤销工作表的保护，只需单击"审阅"选项卡"保护"组中的"撤销工作表保护"

按钮。若设置了密码保护，此时会打开"撤销工作表保护"对话框，输入保护时的密码，方可撤销工作表的保护。

### 4.2.3.3 保护单元格

用户也可以只对工作表中的部分单元格实施保护，其他部分可以编辑修改，为此可执行以下操作。

步骤1：在"成绩数据"工作表中选中不需要保护的单元格区域，如E3:G32单元格区域，然后在"设置单元格格式"对话框的"保护"选项卡取消"锁定"复选框，如图4.82所示。

默认情况下，"锁定"复选框是选中的，表示保护工作表后便不能编辑单元格内容

图4.82　清除"锁定"复选框

步骤2：打开"保护工作表"对话框，设置保护密码，取消"选定锁定单元格"复选框，然后单击"确定"按钮，在打开的对话框中输入密码并确定。此时，在工作表中只能编辑前面指定的单元格区域E3:G32，不能编辑其他单元格区域。

# 任务4.3　分析与打印学生成绩表数据

在现代办公中，经常需要对数据进行管理，使用WPS表格可以轻松实现对工作表中数据的管理。本任务将通过管理"学生成绩表"介绍在WPS表格中进行数据排序、筛选和分类汇总的操作。

任务4.3 ▶

### 4.3.1　处理数据的基本操作

除了可以利用公式和函数对工作表数据进行计算和处理外，还可以利用WPS表格提供的数据排序、筛选、分类汇总等功能来管理和分析工作表中的数据。

### 4.3.1.1　数据排序

表格可以对整个工作表或选定单元格区域中的数据，按文本、数字或日期和时间等进行升序或降序排序。

在表格中，如果只对一列数据进行排序，可选中该列中的任一单元格，然后在"开始"选项卡中单击"排序"下拉按钮，在展开的列表中选择"升序"或"降序"选项，如图4.83所示。排序后同一行其他单元格的位置也将随之变化。

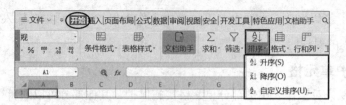

图4.83 "排序"下拉按钮

此外，用户还可以在"排序"下拉列表中选择"自定义排序"选项，对多列数据进行排序。

> **提示** 对单列数据进行的排序称为单关键字排序，对多列数据进行的排序称为多关键字排序。

### 4.3.1.2 数据筛选

通过筛选可使工作表中仅显示满足条件的行，不满足条件的行将被隐藏。WPS表格提供了两种数据筛选方式：自动筛选和高级筛选。

（1）自动筛选。可以轻松地显示出工作表中满足条件的记录行，适用于简单条件的筛选。

（2）高级筛选。通过复杂的条件来筛选单元格区域，使用高级筛选时，要确定筛选方式、列表区域和条件区域，三者的意义如下。

1）筛选方式。WPS表格的高级筛选提供"在原有区域显示筛选结果"和"将筛选结果复制到其他位置"两种筛选方式。若选择"将筛选结果复制到其他位置"，则筛选结果会以独立表格的形式出现在工作簿的指定位置（可以是不同工作表）。

2）列表区域。指参与筛选的工作表区域，一般为工作表中存在数据的单元格区域。

3）条件区域。在确定筛选方式和列表区域后，还需要在工作表的空白区域写出筛选条件及其列标签，筛选条件和列标签可以有多个。称其所在的单元格区域为条件区域。

> **提示** 无论使用哪种筛选方式，工作表中都必须有列标签。列标签位于列首，一般为标识数据含义的文本型数据（如"姓名""性别"等）。

### 4.3.1.3 分类汇总

分类汇总是把工作表中的数据分门别类地进行统计处理，不需要建立公式，表格会自动对各类别的数据进行求和、求平均值等多种计算。

表格提供了两种分类汇总方式：简单分类汇总和嵌套分类汇总。简单分类汇总是指将工作表中的某列作为分类字段进行汇总，嵌套分类汇总用于对多个分类字段进行汇总。

提示 　　无论采用哪种分类汇总方式，进行分类汇总的工作表都必须有列标签，而且在分类汇总前必须对作为分类字段的列进行排序。

### 4.3.1.4　图表、数据透视表和数据透视图

（1）图表。利用WPS表格图表可以直观地反映工作表中的数据，方便用户进行数据的比较和预测。

要创建和编辑图表，首先需要认识图表的组成元素（称为图表项）。以柱形图为例，它主要由图表区、标题、绘图区、坐标轴、图例、数据系列等组成，如图4.84所示。

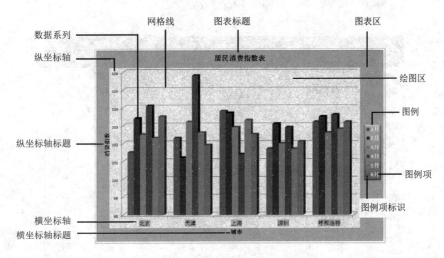

图4.84　图表组成元素

WPS表格 2019支持创建各种类型的图表，如柱形图、折线图、饼图、条形图、面积图、散点图等，如图4.85所示。例如，可以用柱形图反应一段时间内数据的变化或各

图4.85　图表类型

项之间的比较情况；可以用折线图反映数据的变化趋势；可以用饼图表现数据间的比例分配关系。

在WPS表格 2019中，选择要创建图表的数据区域，然后选择一种图表类型，即可创建图表。创建图表后，可利用"图表工具/设计（格式）"选项卡对图表进行编辑和美化操作。

（2）数据透视表。数据透视表是一种对大量数据迅速汇总和建立交叉列表的交互式表格，用户可通过调整其行或列以查看对源数据的不同汇总，还可以通过显示不同的行标签来筛选数据。

（3）数据透视图。数据透视图的作用与数据透视表相似，不同的是它可将数据以图形

方式表示出来。数据透视图通常有一个使用相同布局的相关联的数据透视表，两个报表中的字段相互对应。

## 4.3.2 排序数据

步骤1：打开"学生成绩表"工作簿，将"成绩数据"工作表A2：G32单元格区域中的数据复制粘贴到"排序"工作表的A1单元格中，将在该工作表中进行排序操作。

步骤2：在WPS表格中，如果只是根据某列数据对工作表数据进行排序，可选中该列中的任意单元格，如"班级"列，然后单击"数据"选项卡"排序和筛选"组中的"升序"按钮"$\frac{A}{Z}\downarrow$"或"降序"按钮"$\frac{Z}{A}\downarrow$"，如图4.86所示。

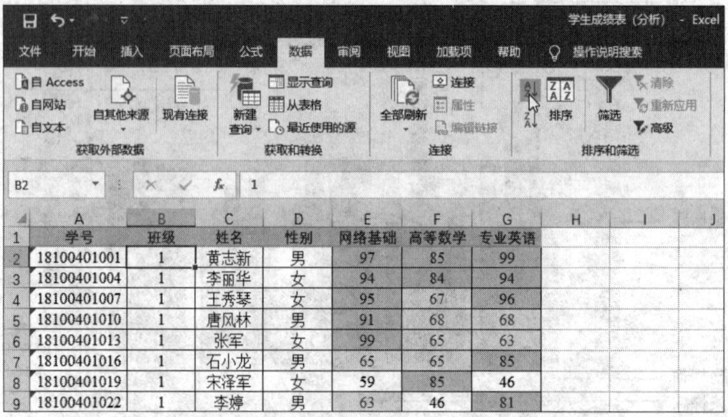

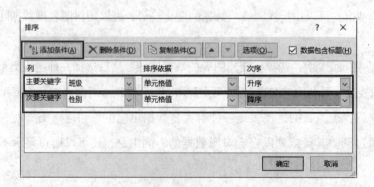

图4.86　对"班级"列进行升序排序

步骤3：若要根据多列数据（多关键字）对工作表中的数据进行排序，如对班级进行升序、性别进行降序排序，可在数据区域的任意单元格中单击，然后单击"数据"选项卡"排序和筛选"组中的"排序"按钮"🔠"，打开"排序"对话框，在其中选择主要关键字"班级"，并选择排序依据和排序次序，如图4.87所示。

图4.87　设置主要关键字和次要关键字条件

步骤4：单击对话框中的"添加条件"按钮，添加一个次要条件，并参照图4.87所示设置次要关键字的条件。

步骤5：如果需要的话，可参照步骤4所述操作，为排序添加多个次要关键字，最后单击"确定"按钮。此时，系统先按照主要关键字条件对工作表中的数据进行排序；若主要关键字数据相同，则将数据相同的行按照次要关键字进行排序，如图4.88所示。

| | A | B | C | D | E | F | G |
|---|---|---|---|---|---|---|---|
| 1 | 学号 | 班级 | 姓名 | 性别 | 网络基础 | 高等数学 | 专业英语 |
| 2 | 18100401004 | 1 | 李丽华 | 女 | 94 | 84 | 94 |
| 3 | 18100401007 | 1 | 王秀琴 | 女 | 95 | 67 | 96 |
| 4 | 18100401013 | 1 | 张军 | 女 | 99 | 65 | 63 |
| 5 | 18100401019 | 1 | 宋泽军 | 女 | 59 | 85 | 46 |
| 6 | 18100401025 | 1 | 刘薇 | 女 | 96 | 46 | 87 |
| 7 | 18100401028 | 1 | 梁美玲 | 女 | 63 | 60 | 38 |
| 8 | 18100401001 | 1 | 黄志新 | 男 | 97 | 85 | 99 |
| 9 | 18100401010 | 1 | 唐凤林 | 男 | 91 | 68 | 68 |
| 10 | 18100401016 | 1 | 石小龙 | 男 | 65 | 65 | 85 |
| 11 | 18100401022 | 1 | 李婷 | 男 | 63 | 46 | 81 |
| 12 | 18100401002 | 2 | 赵青芳 | 女 | 95 | 91 | 84 |
| 13 | 18100401014 | 2 | 刘桥 | 女 | 81 | 88 | 46 |
| 14 | 18100401017 | 2 | 王启迪 | 女 | 68 | 62 | 85 |
| 15 | 18100401023 | 2 | 马德华 | 女 | 89 | 96 | |
| 16 | 18100401026 | 2 | 王雪强 | 女 | 58 | 64 | 46 |
| 17 | 18100401005 | 2 | 黎明 | 男 | 86 | 99 | 82 |

图4.88 多关键字排序结果（部分）

提示

需要注意的是，在进行数据管理的数据表中必须有列标题。此外，数据表中最好不要包含合并单元格、多重列标题或不规则数据区域等。

## 4.3.3 筛选数据

使用WPS表格的数据筛选功能可使数据表中仅显示满足条件的记录，不符合条件的记录将被隐藏。在WPS表格 2019中可以使用两种方式筛选数据——自动筛选和高级筛选。

### 4.3.3.1 自动筛选

自动筛选适用于简单条件的筛选。自动筛选有3种筛选类型：按列表值、按格式或按条件。这3种筛选类型是互斥的，用户只能选择其中的一种进行数据筛选。例如，要将"成绩数据"表中"高等数学"课程成绩大于80的学生筛选出来，可执行如下操作。

步骤1：继续在打开的工作簿进行操作。将"成绩数据"工作表A2：G32单元格区域中的数据复制粘贴到"筛选"工作表的A1单元格中，将在该工作表中进行筛选操作。

步骤2：单击有数据的任意单元格，或选中要参与数据筛选的单元格区域A1：G32，然后单击"数据"选项卡"排序和筛选"组中的"筛选"按钮" "，此时标题行单元格的右侧将出现三角筛选按钮" "，如图4.89所示。

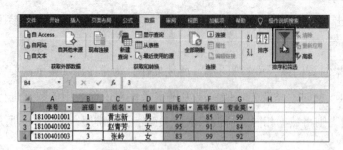

图4.89　启用自动筛选

步骤3：单击"高等数学"列标题右侧的三角筛选按钮"▾"，在展开的下拉列表中选择"数字筛选"/"大于"选项，在打开的"自定义自动筛选方式"对话框中输入80，如图4.90所示。

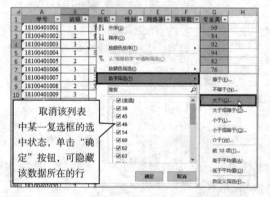

图4.90　按条件进行筛选

步骤4：单击"确定"按钮，此时，高等数学小于等于80的学生记录将被隐藏，如图4.91所示。

| | A | B | C | D | E | F | G |
|---|---|---|---|---|---|---|---|
| 1 | 学号 | 班级 | 姓名 | 性别 | 网络基 | 高等数 | 专业英 |
| 2 | 18100401001 | 1 | 黄志新 | 男 | 97 | 85 | 99 |
| 3 | 18100401002 | 2 | 赵青芳 | 女 | 95 | 91 | 84 |
| 4 | 18100401003 | 3 | 张岭 | 女 | 83 | 99 | 92 |
| 5 | 18100401004 | 1 | 李丽华 | 女 | 94 | 84 | 94 |
| 6 | 18100401005 | 2 | 黎明 | 男 | 86 | 99 | 82 |
| 7 | 18100401006 | 3 | 江树明 | 男 | 84 | 96 | 76 |
| 15 | 18100401014 | 2 | 刘桥 | 女 | 81 | 88 | 46 |
| 19 | 18100401018 | 3 | 孙爱国 | 男 | 65 | 88 | 46 |
| 20 | 18100401019 | 1 | 宋泽军 | 女 | 59 | 85 | 46 |
| 21 | 18100401020 | 2 | 蒋小名 | 男 | 98 | 94 | |
| 22 | 18100401021 | 3 | 何勇强 | 女 | 29 | 88 | 77 |
| 24 | 18100401023 | 2 | 马德华 | 女 | 89 | 96 | |

图4.91　自动筛选结果

### 4.3.3.2　高级筛选

这种筛选方法用于通过复杂的条件来筛选满足条件的记录。使用时，首先在工作表中的指定区域创建筛选条件，然后选择参与筛选的数据区域和筛选条件以进行筛选。例如，要将"成绩数据"表中各课程成绩大于等于80的学生筛选出来，可执行以下操作。

步骤1：继续在打开的工作簿中进行操作。在"筛选"工作表的右侧新建"高级筛选"工作表，然后将"成绩数据"工作表A2:G32单元格区域中的数据复制粘贴到该工作表的A1单元格中，将在该工作表中进行高级筛选操作。

步骤2：在工作表的空白单元格中输入筛选条件的列标题和对应的值，然后单击数据区域中任一单元格，再单击"数据"选项卡"排序和筛选"组中的"高级"按钮，如图4.92所示，打开"高级筛选"对话框。

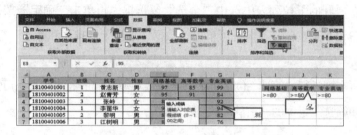

图4.92　输入列标题和筛选条件

步骤3：在"高级筛选"对话框中确认"列表区域"（即数据区域）中显示的单元格区域是否正确（若不正确，可单击其右侧的按钮，然后在工作表中重新选择要进行筛选操作的单元格区域），然后设置筛选结果的显示方式，如图4.93所示。

步骤4：单击"条件区域"编辑框，然后在工作表中拖动鼠标选择步骤2设置的条件区域，松开鼠标，可在"条件区域"编辑框中看到选择的条件，如图4.94所示。

步骤5：单击"复制到"编辑框，然后在工作表中单击某一单元格，将其设置为筛选结果放置区左上角的单元格，如图4.95所示。

图4.93　确认数据区域

图4.94　选择条件区域

图4.95　选择筛选结果放置区

步骤6：单击"确定"按钮，系统将根据指定的条件对工作表进行筛选，并将筛选结果放置到指定区域，如图4.96所示。

心有所信，方能远行。

| 32 | | | | | | | |
|----|----|----|----|----|----|----|----|
| 33 | 学号 | 班级 | 姓名 | 性别 | 网络基础 | 高等数学 | 专业英语 |
| 34 | 18100401001 | 1 | 黄志新 | 男 | 97 | 85 | 99 |
| 35 | 18100401002 | 2 | 赵青芳 | 女 | 95 | 91 | 84 |
| 36 | 18100401003 | 3 | 张岭 | 女 | 83 | 99 | 92 |
| 37 | 18100401004 | 1 | 李丽华 | 女 | 94 | 84 | 94 |
| 38 | 18100401005 | 2 | 黎明 | 男 | 86 | 99 | 82 |
| 39 | | | | | | | |

成绩数据 ｜ 排序 ｜ 筛选 ｜ 高级筛选 ｜ 分类汇总 ｜ ⊕

图4.96　高级筛选结果

#### 4.3.3.3　取消筛选

对于自动筛选，如果要取消对某列进行的筛选，可单击该列列标签单元格右侧的下拉按钮"▾"，在展开的下拉列表中选中"全选"复选框，再单击"确定"按钮；如果要删除数据表中的三角筛选按钮"▾"，可单击"数据"选项卡"排序和筛选"组中的"筛选"按钮"▽"。

要取消对所有列进行的筛选（包括将筛选结果放在原区域的高级筛选），可单击"数据"选项卡"排序和筛选"组中的"清除"按钮"▨"。

### 4.3.4　分类汇总数据

分类汇总有简单分类汇总和嵌套分类汇总之分，无论哪种汇总方式，进行分类汇总的数据表的第一行必须有列标签，而且在分类汇总前必须对作为分类字段的列进行排序。

#### 4.3.4.1　简单分类汇总

简单分类汇总是指以数据表中的某列作为分类字段进行汇总。例如，要将"成绩数据"表以"班级"作为分类字段，对各课程进行求平均值汇总，可执行以下操作。

步骤1：继续在打开的工作簿进行操作。将"成绩数据"工作表A2:G32单元格区域中的数据复制粘贴到"分类汇总"工作表的A1单元格中，将在该工作表中进行分类汇总操作。

步骤2：对"班级"列数据进行降序排列，效果如图4.97所示。

| | A | B | C | D | E | F | G |
|----|----|----|----|----|----|----|----|
| 1 | 学号 | 班级 | 姓名 | 性别 | 网络基础 | 高等数学 | 专业英语 |
| 2 | 18100401003 | 3 | 张岭 | 女 | 83 | 99 | 92 |
| 3 | 18100401006 | 3 | 江树明 | 男 | 84 | 96 | 76 |
| 4 | 18100401009 | 3 | 林立 | 男 | 97 | 63 | 83 |
| 5 | 18100401012 | 3 | 朱自强 | 男 | 83 | 54 | 95 |
| 6 | 18100401015 | 3 | 姜宝刚 | 女 | 88 | 45 | 84 |
| 7 | 18100401018 | 3 | 孙爱国 | 男 | 65 | 88 | 46 |
| 8 | 18100401021 | 3 | 何勇强 | 女 | 29 | 88 | 77 |
| 9 | 18100401024 | 3 | 曾明平 | 男 | 93 | 66 | 23 |
| 10 | 18100401027 | 3 | 杨三平 | 女 | 55 | 45 | 84 |
| 11 | 18100401030 | 3 | 熊小新 | 女 | 88 | 54 | 60 |
| 12 | 18100401002 | 2 | 赵青芳 | 女 | 95 | 91 | 84 |
| 13 | 18100401005 | 2 | 黎明 | 男 | 86 | 99 | 82 |

图4.97　按班级对数据进行降序排序

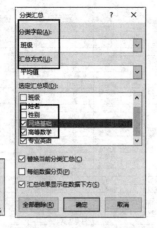

图4.98 设置简单分类汇总的参数

步骤3：单击工作表中有数据的任一单元格，然后单击"数据"选项卡"分级显示"组中的"分类汇总"按钮"▦"，打开"分类汇总"对话框。在"分类字段"下拉列表中选择要分类的字段"班级"；在"汇总方式"下拉列表中选择汇总方式"平均值"；在"选定汇总项"列表中选择要汇总的各课程，如图4.98所示。

步骤4：单击"确定"按钮，即可将工作表中的数据按班级对各课程成绩进行平均值汇总，如图4.99所示。

### 4.3.4.2 嵌套分类汇总

嵌套分类汇总用于对多个分类字段进行汇总。例如，若希望将各课程成绩分别以"班级"和"性别"作为分类字段，对各课程成绩进行求平均值及对网络基础求最大值汇总，可执行以下操作。

步骤1：继续在打开的工作簿中进行操作。在"分类汇总"工作表的右侧新建"嵌套分类汇总"工作表。

步骤2：将"成绩数据"工作表A2：G32单元格区域中的数据复制粘贴到"嵌套分类汇总"工作表的A1单元格中，将在该工作表中进行嵌套分类汇总操作。

步骤3：对工作表数据进行多关键字排序。其中，主要关键字为"班级"，按升序排列；次要关键字为"性别"，按降序排列。

步骤4：参考简单分类汇总的操作，以"班级"作为分类字段，对工作表进行第一次分类汇总（参数设置与前面的操作相同）。

步骤5：再次打开"分类汇总"对话框，设置"分类字段"为"性别"，"汇总方式"为"最大值"，"选定汇总项"为"网络基础"，并取消"替换当前分类汇总"复选框，如图4.100所示。单击"确定"按钮，结果如图4.101所示。

| 学号 | 班级 | 姓名 | 性别 | 网络基础 | 高等数学 | 专业英语 |
|---|---|---|---|---|---|---|
| 18100401003 | 3 | 张岭 | 女 | 83 | 99 | 92 |
| 18100401006 | 3 | 江树明 | 男 | 84 | 96 | 76 |
| 18100401009 | 3 | 林立 | 男 | 97 | 63 | 83 |
| 18100401012 | 3 | 朱自强 | 男 | 83 | 54 | 95 |
| 18100401015 | 3 | 姜宝刚 | 男 | 88 | 45 | 84 |
| 18100401018 | 3 | 孙爱国 | 男 | 65 | 88 | 46 |
| 18100401021 | 3 | 何勇强 | 女 | 29 | 88 | 77 |
| 18100401024 | 3 | 曾明平 | 男 | 93 | 66 | 23 |
| 18100401027 | 3 | 杨三平 | 女 | 55 | 45 | 84 |
| 18100401030 | 3 | 熊小新 | 女 | 88 | 54 | 60 |
| 3 平均值 | | | | 76.5 | 69.8 | 72 |
| 18100401002 | 2 | 赵青芳 | 女 | 95 | 91 | 84 |
| 18100401005 | 2 | 黎明 | 男 | 86 | 99 | 82 |
| 18100401008 | 2 | 刘耀光 | 男 | 92 | 63 | 88 |
| 18100401011 | 2 | 田中华 | 男 | 78 | 66 | 88 |
| 18100401014 | 2 | 刘桥 | 女 | 81 | 88 | 46 |
| 18100401017 | 2 | 王启迪 | 女 | 68 | 62 | 85 |
| 18100401020 | 2 | 蒋小名 | 男 | 98 | 94 | |
| 18100401023 | 2 | 马德华 | 女 | 89 | 96 | |
| 18100401026 | 2 | 王雪强 | 女 | 58 | 64 | 46 |
| 18100401029 | 2 | 赵力明 | 男 | 95 | 38 | 18 |
| 2 平均值 | | | | 84 | 76.1 | 67.125 |
| 18100401001 | 1 | 黄志新 | 男 | 97 | 85 | 99 |
| 18100401004 | 1 | 李丽华 | 女 | 94 | 84 | 94 |
| 18100401007 | 1 | 王秀琴 | 女 | 95 | 67 | 96 |
| 18100401010 | 1 | 唐风林 | 男 | 91 | 68 | 63 |
| 18100401013 | 1 | 张军 | 女 | 99 | 65 | 63 |
| 18100401016 | 1 | 石小龙 | 男 | 65 | 65 | 85 |
| 18100401019 | 1 | 宋泽军 | 女 | 59 | 85 | 46 |
| 18100401022 | 1 | 李婷 | 男 | 63 | 46 | 81 |
| 18100401025 | 1 | 刘薇 | 女 | 96 | 46 | 87 |
| 18100401028 | 1 | 梁美玲 | 女 | 63 | 60 | 38 |
| 1 平均值 | | | | 82.2 | 67.1 | 75.7 |
| 总计平均值 | | | | 80.9 | 71 | 71.92857 |

成绩数据　排序　筛选　高级筛选　分类汇总　嵌套分类汇总

图4.99 按班级对各课程成绩进行求平均值汇总

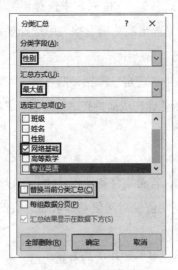

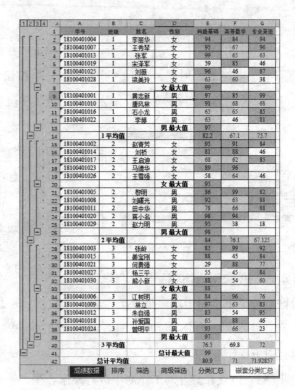

图 4.100　第二次分类汇总的参数　　　　图 4.101　嵌套分类结果

### 4.3.4.3　分级显示数据

对工作表中的数据进行分类汇总后，在工作表的左侧将显示一些符号，如"1234"、"□"等，它们的作用如下。

（1）分级显示明细数据：单击分级显示符号"1234"可显示相应级别的数据，较低级别的明细数据会隐藏起来。

（2）隐藏与显示明细数据：单击折叠按钮"□"可以隐藏对应汇总项的原始数据，此时该按钮变为"+"，单击该按钮将显示原始数据。

### 4.3.4.4　取消分类汇总

要取消分类汇总，可打开"分类汇总"对话框，然后单击"全部删除"按钮。

## 4.3.5　创建和修饰图表

WPS表格数据的图表化就是将工作表中的数据以各种统计图表的方式进行显示，使得数据更加直观、易懂，更容易发现数据之间的规律和联系。当工作表中数据发生变化时，图表中的对应项也跟随数据变化自动更新。

### 4.3.5.1　创建图表

步骤1：打开本书配套素材"学生成绩表（分析）"，将"成绩数据"工作表A2：I32单

计算机应用基础教程（Windows 10+WPS Office 2019）

元格区域的数据复制粘贴到新建的"图表"工作表的A1单元格中。

步骤2：对工作表数据按"总分"进行降序排序。

步骤3：在"图表"工作表中选中要创建图表的数据区域，本例选择前5名和后5名学生及其平均分和总分成绩，如图4.102所示。

| 学号 | 班级 | 姓名 | 性别 | 网络基础 | 高等数学 | 专业英语 | 平均分 | 总分 |
|---|---|---|---|---|---|---|---|---|
| 18100401001 | 1 | 黄志新 | 男 | 97 | 85 | 99 | 93.67 | 281 |
| 18100401003 | 3 | 张岭 | 女 | 83 | 99 | 92 | 91.33 | 274 |
| 18100401004 | 1 | 李丽华 | 女 | 94 | 84 | 94 | 90.67 | 272 |
| 18100401002 | 2 | 赵青芳 | 女 | 95 | 91 | 84 | 90.00 | 270 |
| 18100401005 | 2 | 黎明 | 男 | 86 | 99 | 82 | 89.00 | 267 |
| 18100401027 | 3 | 杨三平 | 女 | 55 | 45 | 84 | 61.33 | 184 |
| 18100401024 | 3 | 曾明平 | 男 | 93 | 66 | 23 | 60.67 | 182 |
| 18100401026 | 2 | 王雪强 | 女 | 58 | 64 | 46 | 56.00 | 168 |
| 18100401028 | 1 | 梁美玲 | 女 | 63 | 60 | 38 | 53.67 | 161 |
| 18100401029 | 2 | 赵力明 | 男 | 95 | 38 | 18 | 50.33 | 151 |

图4.102　选择数据区域

步骤4：单击"插入"选项卡"图表"组中的"柱形图"按钮，在展开的下拉列表中选择"簇状柱形图"选项，此时，系统将在工作表中插入一张簇状柱形图，如图4.103所示。

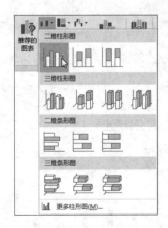 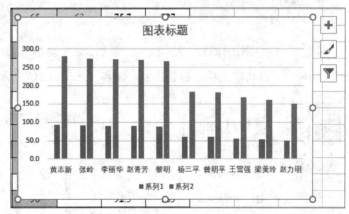

图4.103　选择图表类型并插入图表

### 4.3.5.2　修饰图表

创建图表后，用户可根据需要对其进行编辑和美化操作，如添加坐标轴标题、显示数据标签，编辑图例名称，为其应用系统内置的图表样式等。

步骤1：单击图表右上角的"图表元素"按钮　，在弹出的列表中选中"坐标轴标题"，可为图表添加横坐标轴和纵坐标轴标题，如图4.104所示。将鼠标指针移至"图例"上方，单击出现的按钮，在弹出的子列表中选择"顶部"选项，如图4.105所示，即可将图例置于图表上方。

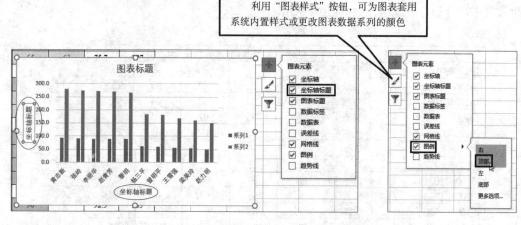

图4.104 添加坐标轴标题　　　　　　　　　　图4.105 更改图例位置

> **提示**
>
> 　　　除了利用上述方法添加、删除或更改图表组成元素的位置外，也可在"图表工具/设计"选项卡"图表布局"组中单击"添加图表元素"按钮，在展开的下拉列表中选择相应选项来更改图表组成元素，如图4.106所示。此外，若单击该组中的"快速布局"按钮，从展开的下拉列表中选择一种布局类型，可快速完成对图表组成元素的布局。

　　步骤2：将"图表标题"文本改为"前后5名平均分和总分比较图"，将纵坐标轴标题改为"分数值"，将横坐标轴标题改为"姓名"，如图4.107所示。

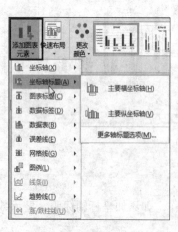

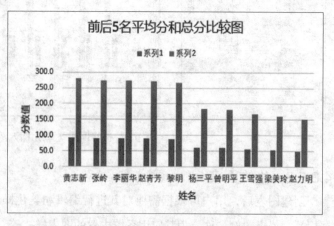

图4.106 设置图表组成元素　　　　　　图4.107 输入图表标题和坐标轴标题

　　步骤3：选中图例项，然后单击"图表工具/设计"选项卡"数据"组中的"选择数据"按钮，如图4.108所示，打开"选择数据源"对话框。

126

图4.108　选择图例项后单击"选择数据"按钮

步骤4：在对话框左侧的列表中选择"系列1"后单击"编辑"按钮，打开"编辑数据系列"对话框，在"系列名称"编辑框中输入"平均分"，如图4.109所示。

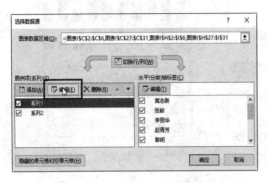 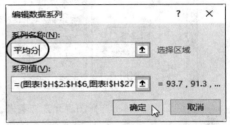

图4.109　输入系列1的名称

步骤5：单击"确定"按钮返回"选择数据源"对话框。使用同样的方法将"系列2"的名称改为"总分"，单击两次"确定"按钮，即可看到编辑好的系列名称，如图4.110所示。

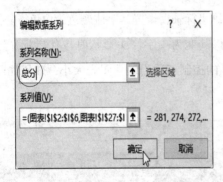 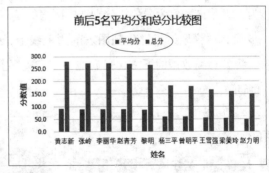

图4.110　编辑系列2的名称及效果

步骤6：完成图表组成元素的布局后，可以通过设置图表组成元素的格式以美化图表。切换到"图表工具/格式"选项卡，然后将鼠标指针移到图表空白处，待显示"图表区"时单击，选中图表区；也可在"当前所选内容"组中单击"图表元素"右侧的下拉按钮，在展开的下拉列表中选择图表组成元素，如图4.111所示。在对图表的各组成元素进行设置时，都需要选中要设置的元素，用户可参考选择图表区的方法来选择图表的其他组成元素。

步骤7：单击"形状样式"组中的"形状填充"按钮，在展开的颜色列表中为图表区设置颜色，如浅蓝，如图4.112所示。

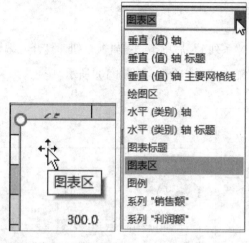

图4.111　选择图表元素"图表区"

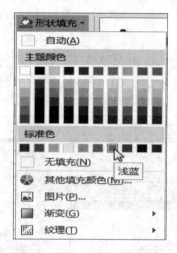

图4.112　设置图表区填充颜色

步骤8：在"当前所选内容"组中的"图表元素"下拉列表中选择"绘图区"，选中图表的绘图区，然后在"形状样式"组的列表中选择一种样式，如图4.113所示；选中图表的图例，为其应用与绘图区一样的样式（也可根据自己的喜好设置）。

步骤9：选中图表的标题，利用"开始"选项卡的"字体"组设置其字体为微软雅黑，字号为16，字体颜色为白色；分别选中图表的横、纵坐标轴标题，设置其字体为微软雅黑，字号为12，字体颜色为白色；分别选中图表的横、纵坐标轴，设置其字体颜色为白色。

步骤10：将鼠标指针移到图表的边框线上，待其变为十字箭头形状时按住鼠标左键不放，将其移到数据的下方，然后拖动图表边框上的控制点适当调整图表大小，效果如图4.114所示。

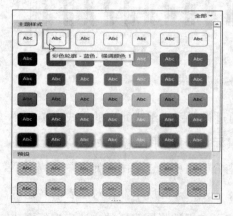

图4.113　为绘图区应用系统内置样式

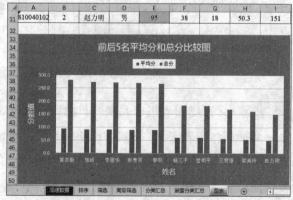

图4.114　美化后的图表

计算机应用基础教程（Windows 10+WPS Office 2019）

## 4.3.6 创建并编辑数据透视表和数据透视图

### 4.3.6.1 创建并编辑数据透视表

#### 1. 创建数据透视表

下面利用数据透视表以"班级"为"行"字段，以"性别"为"列"字段，将"值"字段的汇总方式设为"网络基础"课程的平均值，来汇总各班男女生该课程的平均成绩。

步骤1：继续在打开的工作簿中进行操作。将"学生成绩表（图表）"工作表复制一份，重命名为"数据透视表和数据透视图"，并将其中的图表删除。

步骤2：单击数据表中的任意非空单元格，然后单击"插入"选项卡"表格"组中的"数据透视表"按钮" 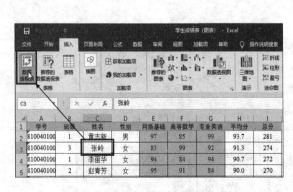 "，如图4.115所示。

为确保数据可用于数据透视表，在创建数据源时需要做到以下几方面：

（1）删除所有空行或空列。

（2）删除所有自动小计。

（3）确保第一行包含列标签。

（4）确保各列只包含一种类型的数据，而不能是文本与数字的混合。

步骤3：打开"创建数据透视表"对话框，在"表/区域"编辑框中自动显示了工作表名称和数据源区域。如果显示的数据源区域引用不正确，可以将插入点光标置于该编辑框中，然后在工作表中重新选择；选中"现有工作表"单选钮（表示将数据透视表放在现有工作表中），这里保持默认，如图4.116所示。

图4.115　单击"数据透视表"按钮

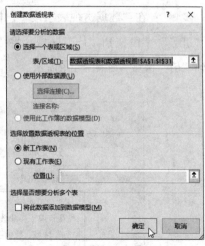

图4.116　"创建数据透视表"对话框

步骤4：单击"确定"按钮，在源工作表的左侧添加一个空的数据透视表。此时，WPS表格 2019的功能区自动显示"数据透视表工具"选项卡，且工作表编辑区的右侧显示"数据透视表字段"窗格，供用户为数据透视表添加字段，创建数据透视表布局，如图4.117所示。

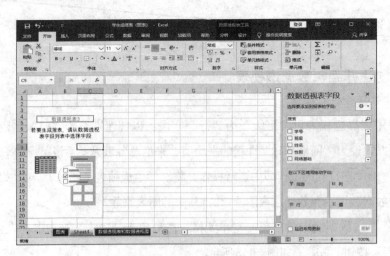

图4.117　数据透视表框架

计算机应用基础教程（Windows 10+WPS Office 2019）

**提示**　　默认情况下，"数据透视表字段"窗格显示两部分：上方的字段列表区是源数据表中包含的字段（列标签），将其拖入下方字段布局区域中的"筛选""列""行"和"值"等列表框中，即可在报表区域（工作表编辑区）显示相应的字段和汇总结果。"数据透视表字段"窗格下方各选项的含义如下：

筛选：用于筛选整个报表。

列：用于将字段显示为报表顶部的列。

行：用于将字段显示为报表侧面的行。

值：用于显示需要汇总的数值数据。

步骤5：在"数据透视表字段"窗格中将所需字段拖到字段布局区域的相应位置。本例将"班级"字段拖到"行"区域，将"性别"字段拖到"列"区域，将"网络基础"字段拖到"值"区域，如图4.118所示。

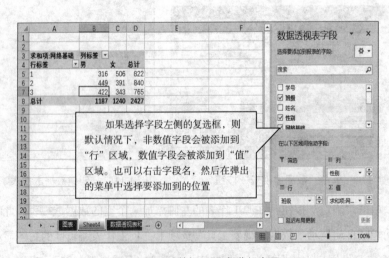

图4.118　对数据透视表进行布局

130

2. 编辑数据透视表

（1）更改计算类型。单击"求和项：网络基础"字段，在弹出的快捷菜单中选择"值字段设置"选项，打开"值字段设置"对话框，将汇总方式改为"平均值"，单击"确定"按钮，即可看到数据透视表中的汇总方式已改变，如图4.119所示。

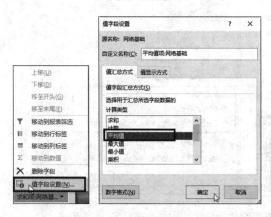

图4.119 更改汇总方式

（2）除了更改计算类型外，用户还可以根据需要随时调整字段布局区域的字段对工作表中的数据进行更多分析。例如，向各字段区域添加或删除字段，将行列字段互换等。

（3）若要查看指定班级的汇总数据，可单击"行标签"右侧的筛选按钮，在展开的列表中取消"全选"复选框的选中，然后选择要查看的班级，如1班和2班，单击"确定"按钮，如图4.120所示。利用"列标签"筛选按钮，可查看指定性别的汇总数据。

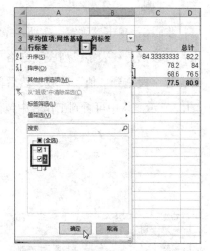

### 4.3.6.2 创建并编辑数据透视图

1. 创建数据透视图

创建数据透视图的方法与创建数据透视表类似。例如，要创建按班级查看各课程成绩的数据透视图，可执行以下操作。

图4.120 筛选汇总数据

步骤1：继续在打开的工作簿中进行操作。单击"数据透视表和数据透视图"工作表中的任意单元格，然后单击"插入"选项卡"图表"组中的"数据透视图"按钮，在打开的对话框中确认要创建数据透视图的数据区域和数据透视图的放置位置。这里保持"表/区域"编辑框中数据区域的选中，然后选中"现在工作表"单选钮，再在工作表单击K2单元格，如图4.121所示。

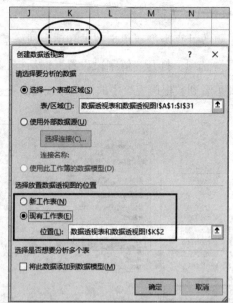

图4.121　确认要创建数据透视图的数据区域和数据透视图的放置位置

步骤2：单击"确定"按钮，系统自动在选定位置放置数据透视表和数据透视图。接下来在"数据透视表字段列表"窗格布局字段，如将"班级"字段拖到"轴（类别）"区域，各课程字段拖到"值"区域，然后单击数据透视表或数据透视图外的任意位置，结果如图4.122所示。从中可看到工作表中包括一个数据透视表和一个数据透视图。

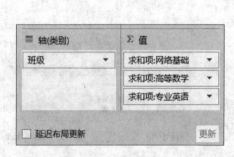

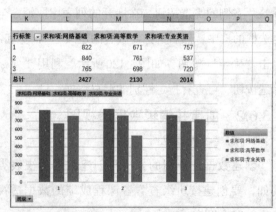

图4.122　创建的数据透视图

2．编辑数据透视图

创建数据透视图后，用户可根据需要利用"数据透视图工具"选项卡中的各子选项卡对数据透视图进行各种编辑操作。如更改图表类型、设置图表布局、套用图表样式、添加图表和坐标轴标题、对图表进行格式化等的操作方法与编辑图表类似，此处不再赘述。

计算机应用基础教程（Windows 10+WPS Office 2019）

### 4.3.7　设置工作表页面

工作表的页面设置包括设置打印纸张大小、页边距、打印方向、页眉和页脚、打印区域和打印标题等，用户可以根据需要进行设置。

#### 4.3.7.1　设置纸张大小、打印方向和页边距

继续在打开的工作簿中进行操作。单击"数据透视表和数据透视图"工作表标签，切换到该工作表。

（1）设置纸张大小（即设置将工作表打印到什么规格的纸上）。

步骤1：单击"页面布局"选项卡"页面设置"组中的"纸张大小"按钮"□"，在展开的下拉列表中选择某种规格的纸张，如图4.123所示。这里保持默认的A4纸的选中。

步骤2：若列表中的选项不能满足需要，可选择列表底部的"其他纸张大小"选项，打开"页面设置"对话框并显示"页面"选项卡，在该选项卡的"纸张大小"下拉列表中提供了更多的选项供用户选择，如图4.124所示。

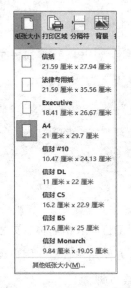

图4.123　"纸张大小"列表　　　　　图4.124　"页面设置"对话框

（2）设置纸张方向。默认情况下，工作表的打印方向为"纵向"，用户可以根据需要改变打印方向。为此，可单击"页面布局"选项卡"页面设置"组中的"纸张方向"按钮"□"，在展开的下拉列表中进行选择，如图4.125所示（或在"页面设置"对话框"页面"选项卡的"方向"设置区中进行选择）。

（3）设置页边距。页边距是指页面上打印区域之外的空白区域。要设置页边距，可单击"页面布局"选项卡"页面设置"组中的"页边距"按钮"□"，在展开的下拉列表中选择"常规""宽"或"窄"样式，如图4.126所示。

若列表中没有合适的样式，可选择列表底部的"自定义页边距"选项，打开"页面设置"对话框并显示"页边距"选项卡，然后在其中的上、下、左、右页边距中直接输入数值，或单击微调按钮进行调整，居中方式设为"垂直"和"水平"，如图4.127所示。

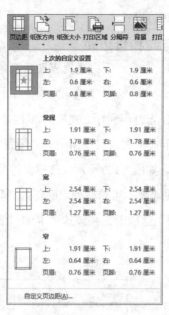

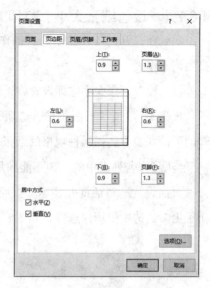

图4.125 设置纸张方向　　图4.126 "页边距"列表　　图4.127 设置页边距

**提示** 在"页边距"选项卡中选择"水平"和"垂直"复选框，可使打印的表格在打印纸上水平和垂直居中。在设置打印方向时，当要打印的表格高度大于宽度时，通常选择"纵向"；当宽度大于高度时，通常选择"横向"。

### 4.3.7.2 设置页眉和页脚

页眉和页脚分别位于打印页的顶端和底端，通常用来打印表格名称、页号、作者名称或时间等。如果工作表有多页，为其设置页眉和页脚可方便用户查看。用户可为工作表添加系统预定义的页眉或页脚，也可以添加自定义的页眉或页脚。

要为工作表设置页眉和页脚，操作步骤如下。

步骤1：打开"页面设置"对话框的"页眉/页脚"选项卡，在"页眉"下拉列表中可选择系统自带的页眉。这里单击"自定义页眉"按钮，打开"页眉"对话框，在"中"编辑框（表示插入的页眉的位置）输入页眉文本"数据透视表和数据透视图"，如图4.128所示。单击"确定"按钮返回"页面设置"对话框，可看到设置的页眉。

步骤2：在"页眉/页脚"选项卡的"页脚"下拉列表中可选择系统自带的页脚，如选择"第1页，共? 页"选项，如图4.129所示。

步骤3：单击"确定"按钮，即可为工作表添加页眉和页脚。

图4.128　自定义页眉　　　　　　　　图4.129　选择系统内置的页脚

> **提示**　因为页眉和页脚独立于工作表数据，所以只有在预览打印效果或打印工作表时才会显示出来。

### 4.3.7.3　设置打印区域和打印标题

默认情况下，WPS表格会自动选择有文字的最大行和列作为打印区域。如果只需要打印工作表的部分数据，可以为工作表设置打印区域，仅将需要的部分打印。此外，如果工作表有多页，正常情况下，只有第一页能打印出标题行或标题列，为方便查看后面的打印稿件，通常需要为工作表的每页都加上标题行或标题列。

（1）设置打印区域。

步骤1：继续在打开的工作表中进行操作。选中要打印的单元格区域，此处选择A1：R32单元格区域。

步骤2：单击"页面布局"选项卡"页面设置"组中的"打印区域"按钮 ，在展开的下拉列表中选择"设置打印区域"选项，如图4.130所示。此时所选区域四周出现虚线框，未被框选的部分不会被打印。

> **提示**　要取消设置的打印区域，可单击工作表的任意单元格，然后在"打印区域"下拉列表中选择"取消打印区域"选项，此时，WPS表格又自动恢复到系统默认设置的打印区域。

（2）设置打印标题。单击"页面布局"选项卡"页面设置"组中的"打印标题"按钮，打开"页面设置"对话框并显示"工作表"选项卡，如图4.131所示。在"顶端标题行"或"从左侧重复的列数"编辑框中单击，然后在工作表中选中要作为标题的行或列，最后确定即可。

图4.130　设置打印区域　　　　图4.131　设置打印标题行

### 4.3.8　预览与打印工作表

设置好工作表的页面和打印选项后，就可以将工作表按要求打印出来，为此可执行以下操作。

选择"文件"界面中的"打印"选项，可以在其右侧的窗格中查看打印前的实际打印效果，如图4.132所示。从中可看到设置的页眉和页脚及在每页打印标题等。

单击右侧窗格左下角的"上一页"按钮和"下一页"按钮，可查看上一页或下一页的预览效果。

若对预览效果满意，在"份数"编辑框中输入打印份数，在"页数……至……"编辑框中打印的页面范围，然后单击"打印"按钮，即可按设置打印工作表。

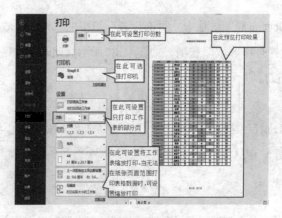

图4.132　打开工作表的打印预览模式

# 项目 5
# WPS 演示文稿的制作

**项目导读**

WPS演示文稿是应用非常广泛的演示文稿制作软件，也是学生今后走向工作岗位和日常生活中必备的计算机应用技能之一。以课堂讲授为主的单向传递模式只偏重具体操作方法的讲解，忽视学生实际应用能力的培养，不符合高职教育培养应用型、技能型人才的要求。本项目以某水电施工公司宣传部为岗位工作背景，设计项目工作任务，实施项目化教学，让学生在完成实际工作任务的过程中体验到真实的职业氛围，提升自己的职业技能和素质。

**教学目标**

- 熟悉WPS演示文稿的用户界面。
- 掌握WPS演示文稿的基本操作。
- 能熟练使用WPS进行演示文稿的制作。

## 任务 5.1　创建企业形象宣传演示文稿

企业形象展示PPT是企业形象识别系统的重要组成部分之一，代表了一个公司的实力、文化和品牌，在企业展示中起着很大的作用。而WPS演示文稿可以将文字、图片、动画、音频、视频等多种

任务5.1

媒体信息结合起来，形成多媒体电子作品。

本次任务是学习WPS演示文稿的基础知识，学会在普通视图中新建幻灯片，根据幻灯片的主题选择它的版式并设置背景。

### 5.1.1　WPS演示文稿简介

WPS演示是WPS系列办公软件中的一个重要组件，它是一个演示文稿制作软件。和微软的PowerPoint功能一样，用于制作和播放多媒体演示文稿，也叫PPT。它功能丰富，制作简单。利用它能够制作生动的幻灯片，并达到最佳的现场演示效果。WPS制作的幻灯片可以包含有视频、声音等多媒体对象，广泛运用于各种会议、产品演示、学校教学以及电视节目制作等。

### 5.1.2　启动、保存、退出

#### 5.1.2.1　启动

与大部分应用软件一样，WPS演示文稿启动方式有很多种，最便捷的三种方式如下：

（1）找到WPS演示桌面图标，对图标双击鼠标左键。

（2）在桌面任意空白处单击鼠标右键，在弹出的快捷菜单上选择"新建"，然后双击"新建"子菜单上的"PPT演示文稿"或"PPTX演示文稿"即可进入。

（3）在桌面左下角"开始"菜单中找到WPS Office，鼠标单击后进入。

#### 5.1.2.2　保存和另存为

在打开的演示文稿中单击"文件"下拉菜单，选择"保存"则以默认（当前）文件名和路径进行保存，选择"另存为"则可以选择修改保存的文件名、格式和路径。快捷键为<Ctrl+S>。

#### 5.1.2.3　退出

常用的退出方式为以下三种：

（1）单击WPS演示窗口右上角的"X"按钮。

（2）单击WPS演示窗口左上角"文件"下拉菜单，选择"退出"命令。

（3）<Alt+F4>组合键。

### 5.1.3　用户界面

WPS演示文稿主界面包括："标题栏""功能区""快速访问工具栏""大纲窗格""编辑

区"等部分，具体如图5.1所示。

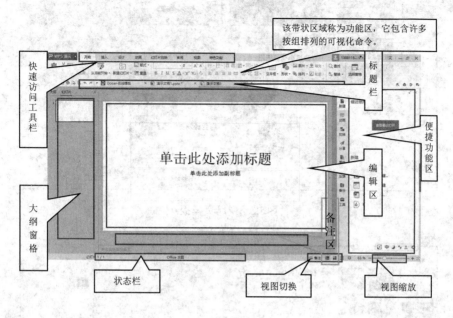

图5.1　用户界面

## 5.1.4　制作思路

企业形象展示PPT要与企业主题色、主题字、画册、网页等保持一致，并要求制作精美、细致，所以，画面的设计要更多地借鉴企业画册的设计手法，讲求排版、用色、构图以及画面细节的处理。具体流程如图5.2所示。

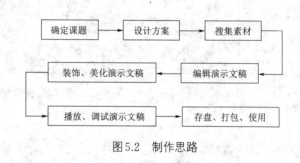

图5.2　制作思路

## 5.1.5　利用模板来创作

一个完整的演示文稿通常由封面页、目录页、章节页、正文页、结束页五部分内容构成，创建演示文稿可根据空演示文稿创建，也可利用设计模板创建。

WPS演示文稿提供了"主题页"（包含封面页、目录页、章节页、结束页，如图5.3所示）、"正文"（包含关系图、图文、图表、纯文本，如图5.4所示）、"案例"（包含用途、特效，如图5.5所示）、"动画"（包含图文、数字，如图5.6所示）四类新建幻灯片模板，可根据具体情况直接选用，这大大提高了制作PPT的效率。

计算机应用基础教程（Windows 10+WPS Office 2019）

图5.3　主题页模板

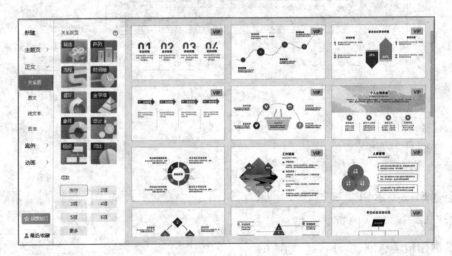

图5.4　正文模板

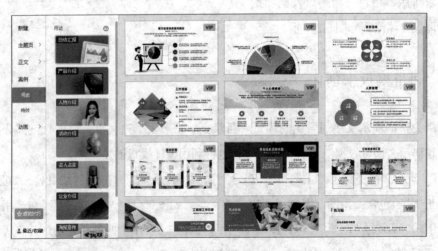

图5.5　案例模板

一个忘记来路的民族必定是没有出路的民族，一个忘记初心的政党必定是没有未来的政党。

图5.6　主题页模板

## 5.1.6　实例解析

### 5.1.6.1　启动WPS演示文稿

找到WPS演示桌面图标，对"■"图标双击鼠标左键后启动WPS演示文稿，启动后界面如图5.7所示。

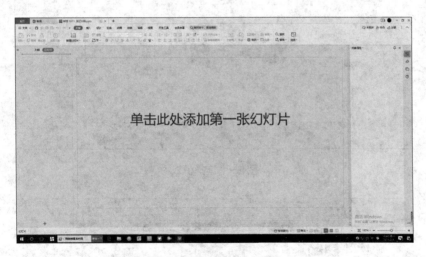

图5.7　启动演示文稿

### 5.1.6.2　创建企业形象宣传演示文稿

（1）添加第一张幻灯片。对图5.7中间文字处单击鼠标左键，即可添加第一张幻灯片。添加后如图5.8所示。

（2）创建主题页。在启动WPS演示文稿并添加了第一张幻灯片后，如图5.8所示，点击大纲窗格中第一张幻灯片右下角的"+"号，即可弹出"主题页""正文""案例""动画"等幻灯片模板，如图5.9所示。

如图5.10所示在"主题页"中挑选一个恰当的模板作为企业形象宣传PPT模板，勾选封面页、目录页、章节页、结束页并点击下载。完成后效果如图5.11所示。至此任务5.1完成。

图5.8　添加第一张幻灯片

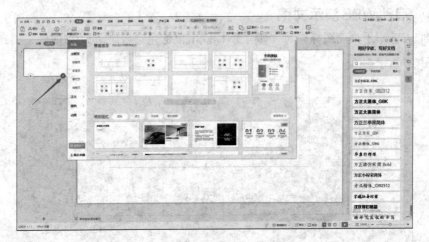

图5.9　选择模板

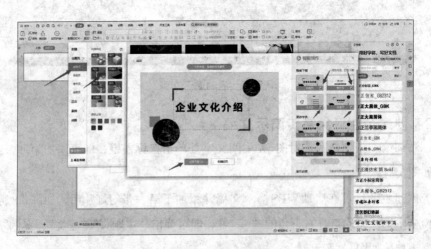

图5.10　选择封面页

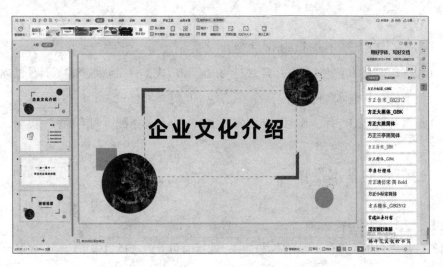

图5.11　主题页完成效果

————— // 练　习 // —————

（1）请利用不同的模板建立不同版式的幻灯片。

————— // 思考与练习 // —————

**理论题**

1. 演示文稿有哪些特点？

2. 启动演示文稿有哪几种方法？

**实训题**

1. 新建演示文稿，挑选版式后创建主题页。

2. 将演示文稿另存为"练习.pptx"，保存于桌面。

## 任务 5.2　编辑企业形象宣传演示文稿

在创建了演示文档并选择好恰当的主题页之后，还需要将各种要表达的信息填充进PPT的正文部分。而想要获得较好的演示效果，则需要将文字、图片、表格、音频、视频等内容进行编辑，有机搭配放入正文当中，以达到最佳表现效果。在编辑时，需注意以

任务5.2 ▶

下几点：

（1）每张幻灯片都要有一个突出的主题。

（2）根据幻灯片的主题选取它所需素材的内容和形式，并在页面里输入具体的内容。

（3）所有幻灯片整体风格保持一致，要有统一的样式和格式。

（4）编辑并美化幻灯片，其中文字内容提纲挈领，色彩搭配协调美观。

### 5.2.1 幻灯片的基本操作

#### 5.2.1.1 选择幻灯片

对幻灯片进行相关操作必须先将其选中，选择时可分为选择单张、选择多张和全选。

（1）选择单张：在大纲窗格中单击某张幻灯片的缩略图即可选中该张幻灯片，被选中的幻灯片会在编辑区中显示。当鼠标指针在编辑区时，也可通过滚动鼠标滚轮将当前幻灯片向前或后切换，如图5.12所示。

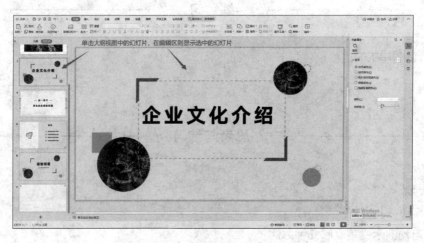

图5.12 选择单张幻灯片

（2）选择多张和全选幻灯片：在需要同时选择多张幻灯片时，可在大纲窗格中按住 <Ctrl> 键用鼠标点选所需的幻灯片；如需快速选中连续的多张幻灯片，在大纲窗格选中一张幻灯片后将鼠标移至连续幻灯片的最后一张，按住 <Shift> 键后点选即可；如要全部选择，则按下键盘上的 <Ctrl+A> 组合键即可，被选中的多张幻灯片在大纲窗格中会以红色边框显示，如图5.13所示。

#### 5.2.1.2 添加与删除幻灯片

新建的演示文稿中默认只有一张幻灯片，而一个完整的演示文稿往往由多张幻灯片组成，因此需要添加新的幻灯片。同时在编辑过程中，也会遇到要删除不满意的幻灯片的情况。

（1）添加幻灯片：在大纲窗格中选中一张幻灯片后，按 <Enter> 键即可在该幻灯片之后

图5.13　选择多张幻灯片

添加一张新空白幻灯片，也可单击大纲窗格中某张幻灯片的右下角"+"号，在其之后添加一张与该幻灯片同样版式的新幻灯片。

（2）删除幻灯片：在大纲窗格中单击选中一张幻灯片，按下<Delete>键即可删除该幻灯片。也可对大纲窗格中的幻灯片单击鼠标右键，在弹出的下拉菜单中选择"删除幻灯片"命令。

### 5.2.1.3　移动和复制幻灯片

在实际使用中，我们常常需要调整幻灯片的前后顺序，即移动幻灯片。而对于版式和内容大致相同的幻灯片，可以做好一张以后再进行复制，复制完后再进行编辑修改，可提高操作效率。

（1）移动幻灯片：在大纲窗格中单击选中要移动的幻灯片，按住鼠标左键不放并拖动鼠标，即可将该幻灯片移动到想要的位置。

（2）复制幻灯片：选中一张幻灯片后，按<Ctrl+C>组合键即可复制，然后在大纲窗格中要复制到的幻灯片之后单击鼠标左键，再按<Ctrl+V>组合键就可复制出相同幻灯片。

## 5.2.2　输入文本

WPS演示文稿中，想要进行文本输入可分为三种情况，分别为占位符输入、文本框输入和大纲输入。

### 5.2.2.1　占位符输入

占位符为幻灯片母版或版式自带的文本框，在选定版式后会在每一页幻灯片出现，点击虚线框内部即可输入文本。

占位符可通过点击虚线框边线进行选中，选中后可对占位符进行移动或删除等操作，

145

如图5.14所示。

图5.14　占位符输入

### 5.2.2.2　文本框输入

　　文本框需要点击"插入"快速工具访问栏，再点击"文本框"即可在幻灯片中插入一个可以输入文字的文本框。插入的文本框可选择横向和竖向两类，即在其中输入文字也分横向和竖向。如图5.15所示。

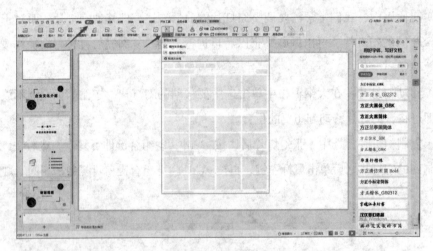

图5.15　文本框输入

　　占位符和文本框区别：

　　（1）占位符是由幻灯片的版式和母版确定，而文本框是通过绘图工具或"插入"菜单项插入的。

　　（2）占位符中的文本可以在大纲视图中显示出来，而文本框中的文本却不能在大纲视图中显示。

（3）当其中的文本太多或太少时，占位符可以自动调整文本的字号，使之与占位符的大小相适应，而同样的情况下文本框却不能自行调节字号的大小。

（4）文本框可以和其他自选图形、自绘图形、图片等对象组合成一个更为复杂的对象，占位符却不能进行这样的组合。

### 5.2.2.3　大纲输入

在大纲窗格中点击"大纲"，即可对每一页幻灯片进行文字备注，也称直接输入，如图5.16所示。

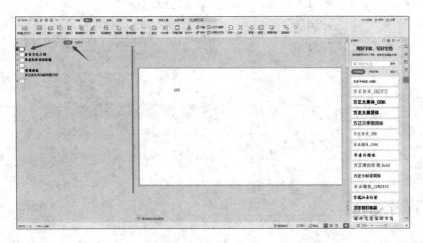

图 5.16　大纲输入

## 5.2.3　文本格式的设置

对文本框或占位符点击右键，在弹出的下拉菜单中选择"字体"，即可对文字格式进行设置，可编辑的对象包括：文字的字体、字号、颜色、字型（阴影等）等，如图5.17所示。

图 5.17　文本格式设置

### 5.2.4　添加、修改项目符号和编号

在文本输入时，为了美观有序，常对同一文本框内的多行文字添加项目符号或编号。具体操作为：在需要添加项目符号的一行文字中，将光标移至文字最前，点击右键，在弹出的下拉菜单中选择"项目符号和编号"，再选择一种符号进行插入，如图5.18所示。

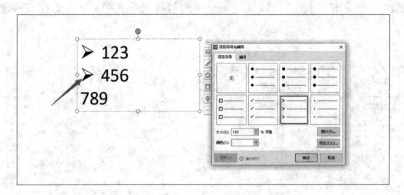

图5.18　项目符号和编号

### 5.2.5　图片对象插入

因图片往往比文字更加直观，在PPT中插入图片更容易表现和演示。在WPS中，可选择插入本地图片、手机图片和分页插图。如图5.19所示。

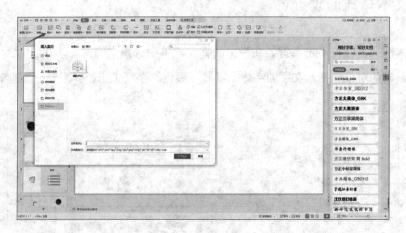

图5.19　插入图片

### 5.2.6　图片设置

插入的图片可进行设置，包括：移动、添加文本、组合与取消组合、旋转和翻转、叠

放次序和对齐分布、阴影效果等。如图5.20所示。

图5.20　图片格式设置

## 5.2.7　表格和图表

在幻灯片中为突出表现数据，可利用插入表格和图表来表现。点击快速访问工具栏中的"插入"即可选择插入表格或图表。

### 5.2.7.1　插入表格

插入时需选择行列数，插入表格后可移动表格，插入后的表格内可填写文字或数字，如图5.21所示。

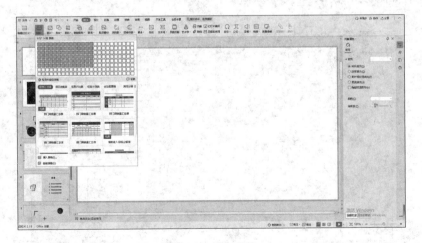

图5.21　插入表格

### 5.2.7.2　插入图表

为突出显示数据随时间的变化，或显示几类数据的占比关系，可插入图表来突出显示，可插入的图标有柱状图、饼状图、面积图、雷达图等，如图5.22所示。

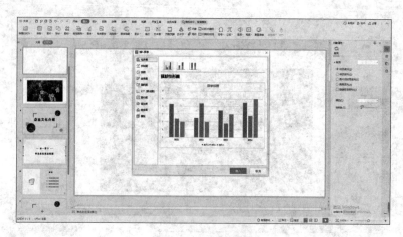

图5.22　插入图表

### 5.2.8　音频

演示文稿不是一个无声的世界，为了增加氛围和效果，可以在幻灯片中添加音频，使幻灯片"声"动起来。WPS演示文稿支持多种格式的声音文件，如：MP3、WAV、WMA、AIF和MID等。

在快速访问工具栏点击"插入"，在功能区选择"音频"即可在幻灯片中插入音频。WPS提供了四种音频插入方式，分别为：嵌入音频、链接到音频、嵌入背景音乐、链接到背景音乐，如图5.23所示。

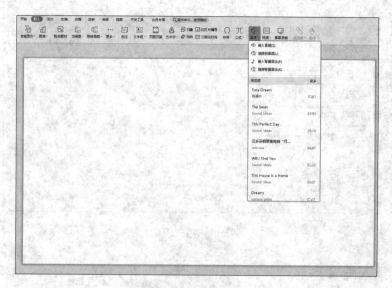

图5.23　插入音频

**链接与嵌入的区别**

（1）链接音频或背景音乐时，拷贝幻灯片需要将幻灯片和音频一起拷贝，才能在其他的电脑上播放。

（2）嵌入音频或背景音乐后，音频和幻灯片成为一个整体，拷贝幻灯片到其他电脑播放时无需额外拷贝音频。

## 5.2.9　视频

为了使演示文稿增加动感，我们还可以在幻灯片中插入视频，让整个演示文稿有声有色，增强表现力。WPS演示文稿支持多种格式的视频文件，如：MP4、MOV、MPEG、AVI和M4V等。

在快速访问工具栏点击"插入"，在功能区选择"视频"即可在幻灯片中插入音频。WPS提供了四种视频插入方式，分别为：嵌入本地视频、链接到本地视频、网络视频、Flash，如图5.24所示。

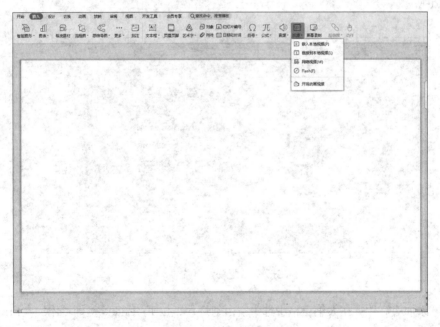

图5.24　插入视频

## 5.2.10　实例解析

### 5.2.10.1　移动、删除和添加幻灯片

（1）移动幻灯片：在完成任务一的基础上，我们先将第一张空白页移动到目录页之后。

具体操作为：在大纲窗格中单击选中第一张空白幻灯片，按住鼠标左键不放向下拖动，至目录页后松开左键，如图5.25所示。

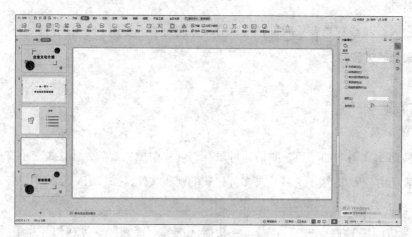

图5.25　移动幻灯片（1）

（2）删除幻灯片：在大纲窗格中选中章节页（第二张幻灯片），按<Delete>键将其删除，如图5.26所示。

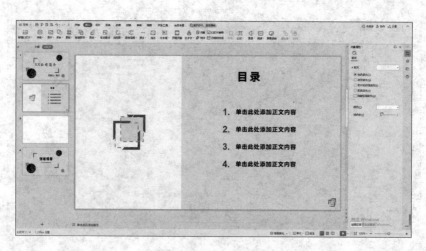

图5.26　移动幻灯片（2）

（3）添加幻灯片：在大纲窗格中选中空白幻灯片，按下<Enter>键即可添加空白幻灯片，因为目录页模板有四条目录，在这里我们按三次<Enter>键，添加三张空白幻灯片，如图5.27所示。

### 5.2.10.2　编辑封面页

（1）输入幻灯片标题：在大纲窗格中选中封面幻灯片，然后将鼠标移动到编辑区，点击"企业文化介绍"这个占位符，输入"XX公司简介"，如图5.28所示。

（2）编辑标题文字：选中"XX公司简介"，将字体大小改为80，字体改为华文新魏，颜色改为红色，如图5.29所示。

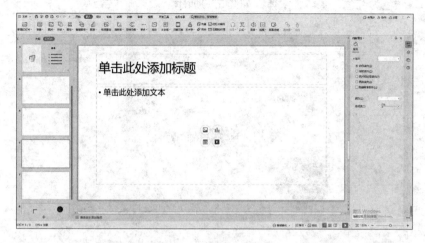

图 5.27　添加幻灯片

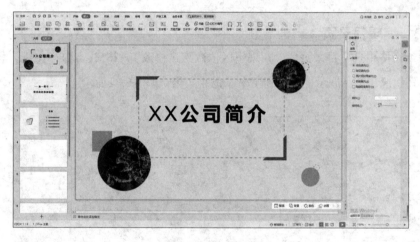

图 5.28　输入标题

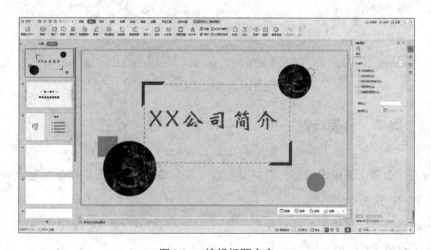

图 5.29　编辑标题文字

（3）添加文本框：在编辑区左下角插入一个横向文本框，输入"汇报人：张三"，字体大小为60，颜色为红色，字体为宋体，如图5.30所示。

图5.30　添加文本框（1）

### 5.2.10.3　编辑目录页

在大纲窗格中选中目录页后，在编辑区依次点击修改1、2、3、4条占位符，将其分别改为：公司概况、产品展示、产能利用率、企业文化，如图5.31所示。

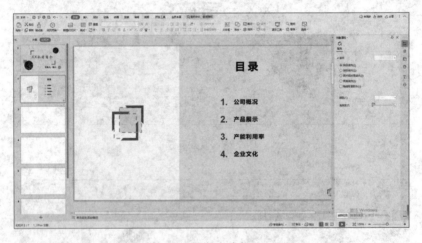

图5.31　添加文本框（2）

### 5.2.10.4　编辑"公司概况"页

介绍公司概况时，由于涉及大量基础信息，包括：企业简介、资质和荣誉、组织构架、发展历程等，如果全部做成图文，则需要大量时间来编辑排版，我们可采用插入视频的方式，以视频方式来进行展示。

由于本页主要以视频方式进行表现，我们需将该幻灯片无用部分删去，配以少量文字标题和插入视频，具体操作如下。

（1）删除无用的占位符：在大纲窗格中选中第一张空白幻灯片，在编辑区删除该页幻灯片版式自带的占位符，其他三页空白幻灯片也如此操作。如图5.32所示。

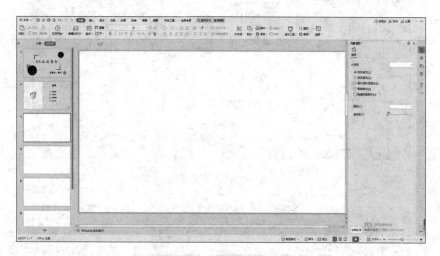

图5.32　删除占位符

（2）在左上角加上该页标题：依据设计原则，每一张幻灯片应有主题，为美观和统一风格，我们可以在编辑区该页幻灯片左上角加上简洁图形配上文字。点击快速访问工具栏上的"插入"，在功能区选择"插入形状"，插入两个长方形，细长方形填充颜色为黑色，粗长方形填充颜色为绿色，在长方形后面插入文本框，输入"公司概况"，字体为微软雅黑，加粗，大小为28，效果如图5.33所示。

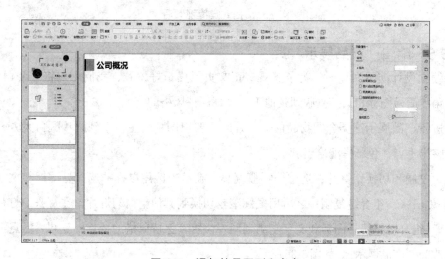

图5.33　添加简易图形和文字

（3）插入视频：点击快速访问工具栏的"插入"，在功能区选择"视频"，选择"嵌入本地视频"，在弹出的窗口中从"我的电脑"中找到存好的视频，点击打开，如图5.34、图5.35所示。

图5.34　插入宣传视频

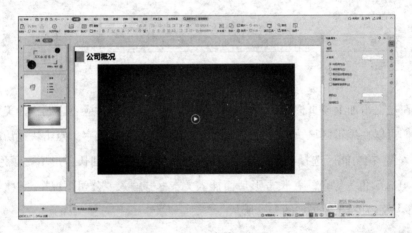

图5.35　插入宣传视频后

### 5.2.10.5　编辑"产品展示"页

在编辑设计演示文稿时，为了美观，正文页风格最好一致，我们可以将"公司概况"页左上角的简易图标和文字复制到其他正文页，保持风格的统一。

在进行产品展示这类介绍物品的幻灯片时，要以图片为主，做到图片醒目大方，文字精简并突出重点，色彩搭配恰当。

（1）复制和切换幻灯片：选中公司概况页，在编辑区用鼠标框选简易图标和文字，选中后用<Ctrl+C>组合键复制；之后用鼠标滚轮切换到其他空白幻灯片，在每张幻灯片上按<Ctrl+V>组合键将简易图标和文字复制到同一位置，保持风格的一致，复制后需点击文字将其修改为"产品展示"。如图5.36所示。

（2）插入图片：在快速访问工具栏点击"插入"，在功能区选择"图片"，从本地图片中选择合适图片插入，如图5.37所示。

（3）进行图片美化和装饰：单一图片效果单薄，我们可以在要突出的图片周围加上一些简易图形，突出表达对象。

图5.36　复制和切换幻灯片

图5.37　插入图片

在快速访问工具栏点击"插入"，在功能区点击"形状"，选择基本图形中的圆形，插入大小不一的几个圆。

选中插入的圆，在右边的便捷功能区中选择合适的填充颜色，效果如图5.38所示。

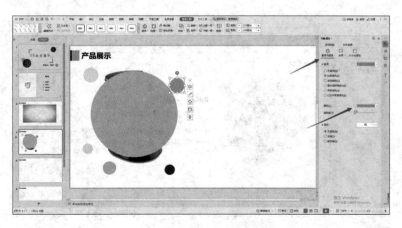

图5.38　插入配图

选中最大的圆，在叠放次序中选择"置于底层"，如图5.39所示，效果如图5.40所示。

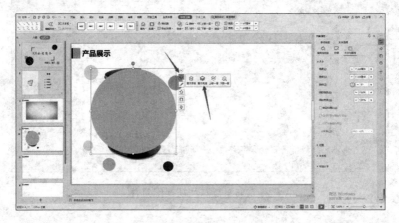

图5.39　配图设置

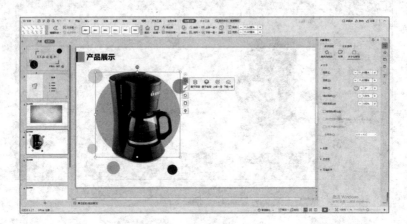

图5.40　配图效果

（4）添加文字说明：插入多个文本框，对物品进行简易文字描述，注意突出重点，颜色搭配适中，如图5.41所示。

图5.41　添加产品说明

### 5.2.10.6  编辑"产品利用率"页

本页主要表达的是数字上的变化，我们可以用图表+表格的组合来表达。

（1）修改左上角文字：将复制的文字改为产品利用率，如图5.42所示。

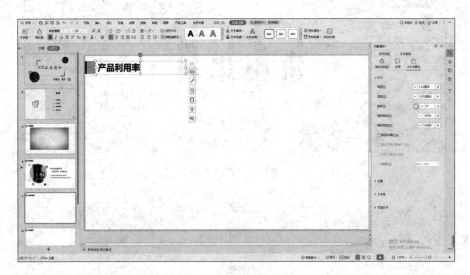

图5.42  修改文字

（2）插入图表：点击快速访问工具栏上的"插入"，在功能区点击"图表"，选择"柱形图"——"簇状柱形图"，如图5.43所示。

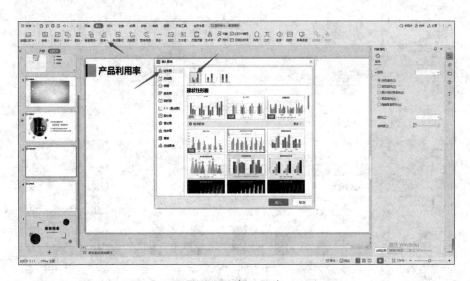

图5.43  插入图表

（3）编辑图表：如图5.44所示，选中插入的图表，修改颜色、标题、数据、位置，最终效果如图5.45所示。

（4）添加表格：点击快速访问工具栏上的"插入"，在功能区点击"表格"，选择合适的行列数，插入后填入文字和数字，修改颜色，最终如图5.46所示。

计算机应用基础教程（Windows 10+WPS Office 2019）

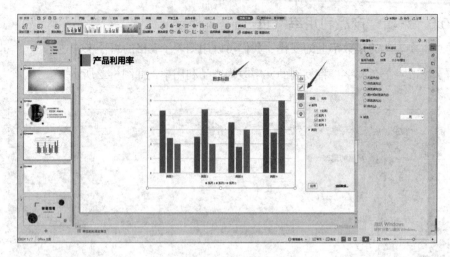

图 5.44　修改图表

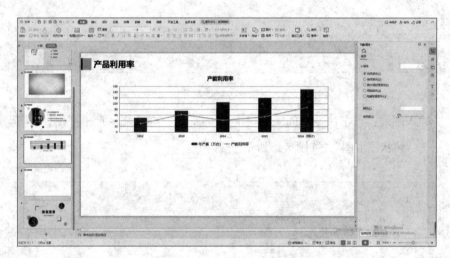

图 5.45　图表最终效果

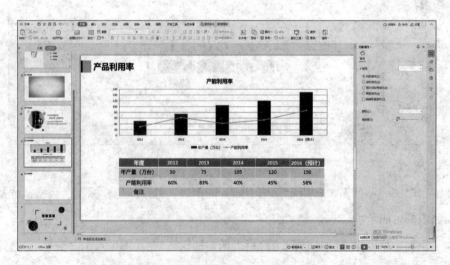

图 5.46　插入表格

### 5.2.10.7 编辑"企业文化"页

在制作文字为主的幻灯片时，可根据文字条目数，插入数量对应的图形来增强和凸显文字，例如本次企业文化主题为五点，则可以设计插入边数为五的图形来对应。

（1）修改左上角文字：将复制的文字改为"企业文化"，如图5.47所示。

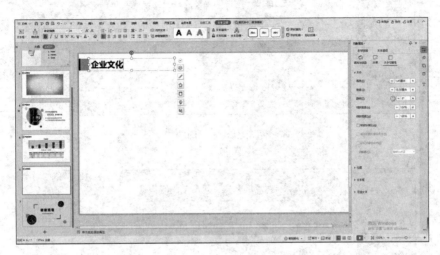

图5.47　修改左上角文字

（2）插入五角星：在快速访问工具栏点击"插入"，在功能区点击"形状"，选择"星与旗帜"，插入五角星，填充颜色改为无，如图5.48所示。

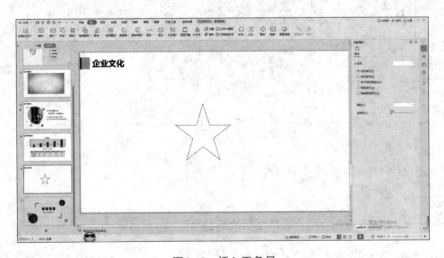

图5.48　插入五角星

（3）插入圆：在五角星每个顶点继续插入"形状"中的"椭圆"，修改颜色，在椭圆中写入文字。可做好一个再用复制加快速度，如图5.49所示。

（4）插入文本框：在每个椭圆附近插入文本框，输入文字，完成后效果如图5.50所示，至此任务5.2完成。

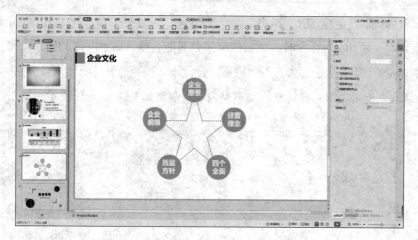

图5.49　插入椭圆

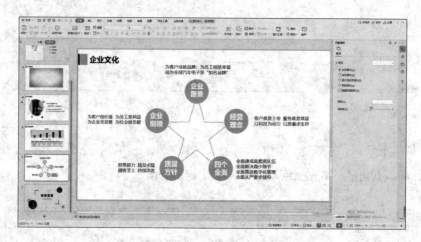

图5.50　插入文本框

// 练 习 //

（1）请设计并编辑个人简介幻灯片。

// 思考与练习 //

**理论题**

1．幻灯片的基本操作有哪些？

2．文本框和占位符有什么区别？

3．插入的图片有哪些版式可以选择？

4．如何在插入的形状中添加文字？

5. 柱状图需设置哪些参数？

6. 嵌入音频与链接到音频有何区别？

**实训题**

1. 新建演示文稿，练习幻灯片的复制、粘贴、删除、移动。

2. 新建演示文稿，练习插入各种表格和图表，并修改其参数。

3. 新建演示文稿，练习插入音频和视频。

# 任务 5.3　设置演示文稿的动画效果

任务5.3 ▶

　　一个好的演示文稿除了要有丰富的文本内容和多姿多彩的图片之外，还要有合理的排版设计、鲜明的色彩搭配以及灵活得当的动画效果。在WPS演示中提供了丰富的动画效果，使其可以为演示文稿原本静止文本、图表、图片和表格等对象创造出更精彩的视觉效果。因此，在设计一个演示文稿时，我们还需考虑整体的动画方案，使整个演示文稿"活"起来。

## 5.3.1　动画

　　"动画"是指对文本或对象添加特殊视觉或声音效果。在WPS我们对动画可进行"智能动画""自定义动画"和"删除动画"三种操作，如图5.51所示。

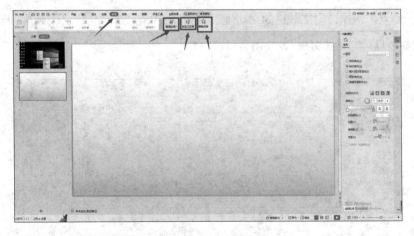

图 5.51　动画功能区

### 5.3.1.1　"智能动画"

　　"智能动画"是指给幻灯片中的文本添加预设视觉效果。范围可从微小到显著，每个方案通常包含幻灯片标题效果和应用于幻灯片文本的项目符号或段落的效果。智能动画可只应用于当前幻灯片，也可以应用于所有幻灯片。智能动画的应用简化了动画设计过程。

### 5.3.1.2 "自定义动画"

智能动画的应用虽然为幻灯片的动画设置提供了方便，但是它只能提供切换方式、标题和正文的动画效果，而对于幻灯片上其他对象的动画效果，智能动画中并没有预设。事实上，在WPS演示中任何对象都可以自定义它的动画方式。

自定义动画有进入、强调、退出、动作路径效果，还可以设置一定的声音及影片效果。如图5.52所示。只有选中一个对象才能进行自定义动画相关操作，在没有选中对象时，功能区的自定义动画为灰色，不可操作和点击。

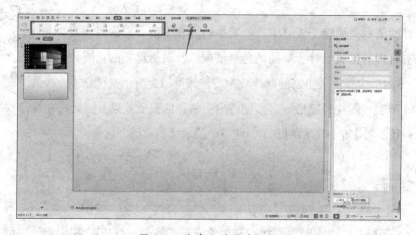

图 5.52 自定义动画功能区

下面我们来看如何进行自定义动画设置。

步骤1：点击快速访问工具栏的"动画"，再点击功能区的"自定义动画"，最后在右边的便捷功能区点击"选择窗格"，如图5.53所示。

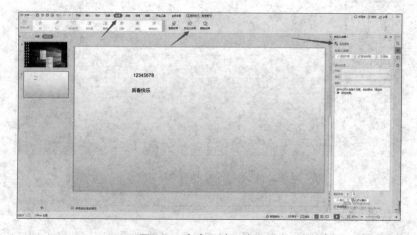

图 5.53 自定义动画步骤一

计算机应用基础教程（Windows 10+WPS Office 2019）

步骤2：点击"选择窗格"后，会弹出"选择窗格"功能区，当前幻灯片所有可进行动画操作的对象都显示在该区域内，这时在该区域内可点选想要设置动画的对象，例如"文本4"，点选后即可对该对象进行具体动画设置。如图5.54所示。

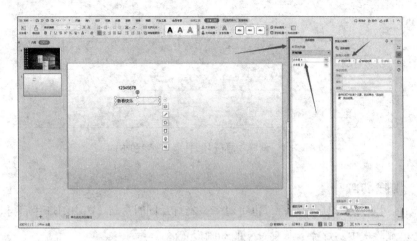

图5.54　自定义动画步骤二

WPS可对对象添加的自定义动画种类有：进入、强调、路径等，这里我们可随意选择一种，如图5.55所示。

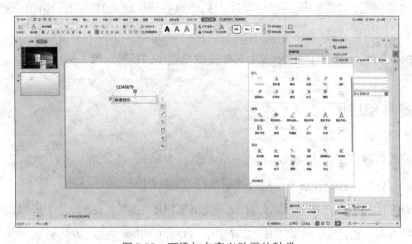

图5.55　可添加自定义动画的种类

步骤3：在选择了一种动画种类后，可进行"开始""方向"和"速度"三类具体设置。设置完后该对象的动画效果即设置完毕。如图5.56所示。

（1）"开始"设置的是有关动画的启动条件，分为"单击时""之前"和"之后"，即动画启动时可选择条件为鼠标单击时还是点击前或后。

（2）"方向"设置的是"水平"和"垂直"两个方向。

（3）"速度"设置的是"非常慢"到"非常快"五种速度。

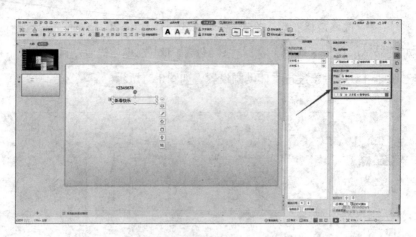

图5.56　设置动画开始时间、速度和方向

### 5.3.1.3　删除动画

删除动画可对一张幻灯片进行，也可对多张幻灯片同时进行。选中幻灯片后再点选"删除动画"，可删除选中幻灯片上所有对象的动画设置。

### 5.3.1.4　调整动画的播放顺序

一般在一张幻灯片上有多个对象含有动画效果，甚至在一个对象上，有时也含有多个动画。因此经常需要设置这些动画的播放顺序。事实上在"选择窗格"的动画对象列表中，动画对象的排列顺序就是动画的播放顺序，只要调整动画对象的排列次序即可改变动画的播放顺序。

调整的方法是：从动画对象列表中选择要改变顺序的动画对象，然后拖动。

## 5.3.2　幻灯片切换

幻灯片的切换方式是指放映时从上一张幻灯片过渡到当前幻灯片的方式，其中包括了切换时的动态效果和切换方法以及幻灯片播放持续的时间等。

设置幻灯片的切换方式可在幻灯片视图或浏览视图下进行。前者之下可以设置当前幻灯片的切换方式，而后者之下可同时设置多个幻灯片的切换方式。方法是点击快速访问工具栏上的"切换"，然后在功能区可选择切换动画，如图5.57所示。

## 5.3.3　实例解析

### 5.3.3.1　为每页幻灯片添加动画效果

以封面页为例，点选封面页，点选"选择窗格"，可看到有一个标题和一个文本框。动画顺序设置时在"选择窗格"中将标题拖至文本框之前。

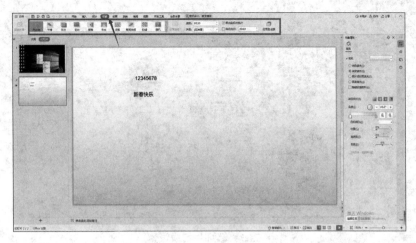

图 5.57　幻灯片切换动画设置

（1）点击标题，添加"进入"效果中的"飞入"，"开始""方向"和"速度"可取默认设置：单击时、自底部、非常快。

（2）点击文本框，添加"进入"效果中的"出现"，"开始"设置为"之后"。如图 5.58 所示。

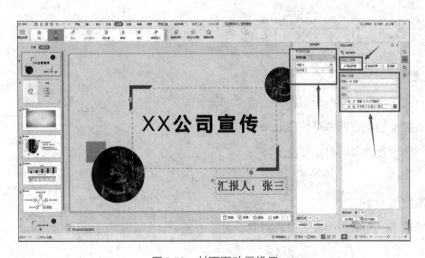

图 5.58　封面页动画设置

这时本页动画效果为：单击鼠标，从底部飞入标题，待标题停止后右下角自动出现"汇报人：张三"。除封面页外其他页对象的动画效果可自行设置，在这里不再一一描述。

### 5.3.3.2　为演示文稿添加幻灯片切换动画

待每页幻灯片上的对象设置完动画后，我们需考虑幻灯片切换动画设置。点击快速访问工具栏上的"切换"，选择一种切换动画如"切出"，点击"应用到全部"。如图 5.59 所示。至此任务 5.3 完成。

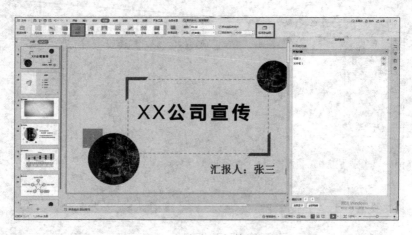

图 5.59　幻灯片切换设置

---

//　练　习　//

（1）请为个人简介幻灯片设计动画方案。

---

//　思考与练习　//

**理论题**

1. 自定义动画有哪些类型？

2. 自定义动画有哪些可修改效果？

3. 如何设置动画的自定义路径？

**实训题**

1. 新建演示文稿，插入对象后对其设置练习各种自定义动画。

# 任务 5.4　设置演示文稿的放映方式

演示文稿的放映方式是幻灯片制作的最后一个环节，只有做到精确控制幻灯片的放映才能取得成功的演示效果。

任务5.4 ▶

## 5.4.1　放映方式

点击快速访问工具栏上的"放映"，我们能看到在功能区 WPS 将放映方式分为"从头开始""从当前页开始"和"自定义放映"三种。"从头开始"表示从第一张幻灯片依次放映到最后一张；"从当前页开始"表示从任意选中的幻灯片依次放映到最后；"自定义放映"则可根据需要将幻灯片放映顺序自定义。幻灯片放映的快捷键为<F5>。如图5.60所示。

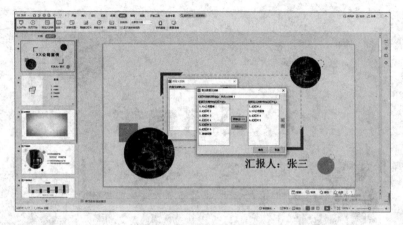

图5.60　幻灯片放映方式

## 5.4.2　放映设置

按幻灯片放映时操作对象的不同，可在点击"放映设置"时选择"演讲者放映"和"在展台浏览"两种，前者演讲者可随时操控幻灯片，后者为自动放映，不能自行切换幻灯片或暂停。如图5.61所示。

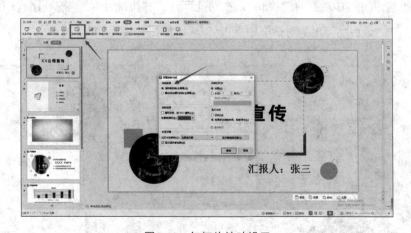

图5.61　幻灯片放映设置

## 5.4.3　排练计时

该功能可让演讲者先手动控制放映，模拟演讲过程，WPS会在后台记录每张幻灯片所需要的演讲时间，当放映结束时，会出现信息提示框，单击"是"按钮，即可保留排练时间。在录制了排练计时后，在"放映设置"中，可选择"如果存在排练时间，则使用它"选项，即可在放映时按记录的时间自动放映。如图5.62所示。

图5.62　排练计时

### 5.4.4　实例解析

#### 5.4.4.1　打开排练计时手动放映

点击快速访问工具栏上的"放映"，在功能区点击"排练计时"，按顺序将幻灯片从头放映演讲一遍，最后在弹出的对话框中点击"是"，如图5.63所示。

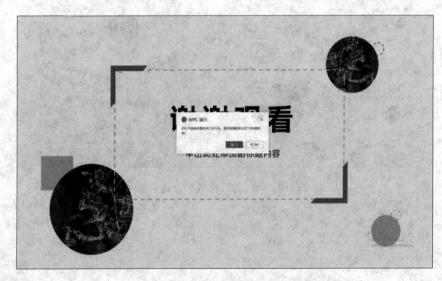

图5.63　打开排练计时放映

### 5.4.4.2 修改放映设置

点击"放映设置"，将"换片方式"改为"如果存在排练时间，则使用它"。最终再次放映幻灯片。至此任务5.4完成。如图5.64所示。

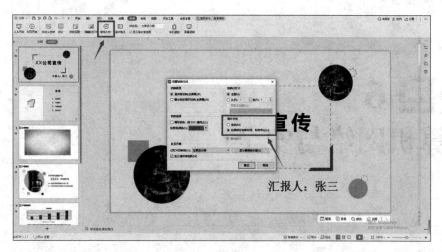

图5.64 修改放映方式

─── // 练 习 // ───

（1）请为个人简介幻灯片设计放映方式。

─── // 思考与练习 // ───

**理论题**

1. 放映方式有哪些？

2. 演讲者放映和在展台浏览有什么区别？

**实训题**

1. 以排练计时方式放映个人简历幻灯片。

# 项目 6
## 计算机网络与安全

**项目导读**

根据中国互联网信息中心发布的报告显示（截至2020年3月），中国网民规模为9.04亿，较2018年底增长7508万，互联网普及率达64.5%；手机网民规模达8.97亿，网民使用手机上网的比例达99.3%。网络正在使人类的生活方式发生变革，人们的工作和生活越来越依赖于它，然而任何事物都不会是十全十美的，网络也不例外，当我们在享受网络给我们带来的各种便利和好处时，还要时刻防范计算机病毒和木马等恶意软件对网络系统的破坏和攻击。因此，学习掌握网络基础知识和计算机基本安全知识已经成为每个人的必修课程。

同时，为了更好维护系统安全及稳定，如偶遇计算机突发故障时，除自身掌握基本的操作技能外，在处理不了问题时还需掌握几款常用远程维护软件，以备不时之需。

**教学目标**

- 掌握组建小型局域网实现共享上网方法。
- 掌握网络资源搜索与下载方法。
- 掌握电子邮件的收发。
- 掌握安装计算机安全防护软件。
- 掌握远程控制方法。

# 任务 6.1　组建小型局域网实现共享上网

任务6.1 ▶

家庭或小型办公室，如果有两台或更多的计算机，很自然地希望将它们组成一个网络。为方便叙述，以下将其称为局域网。在家庭环境下，可用这个网络来共享资源、玩需要多人参与的游戏、共用一个调制解调器享用Internet连接等。办公室中，利用这样的网络，主要解决共享外设如打印机等。此外，办公室局域网也是多人协作工作的基础设施。

## 6.1.1　计算机网络的定义

计算机网络：是指在一定的地理范围内在地理上互相分散，功能上相互独立的若干台计算机通过通信线路和通信设备相互连接在一起，在相应的网络操作系统和协议软件的支持下，彼此实现资源共享并能够相互通信的系统。

计算机网络具有三个特征：多台独立的计算机系统、以资源共享和相互通信为目的、有共同遵循的通信协议。

## 6.1.2　计算机网络的分类和功能

计算机网络的分类方法较多，根据技术、交换功能、网络使用者的不同，有不同的分类方法。

### 6.1.2.1　按照网络覆盖地理范围分类

1. 局域网（LAN — Local Area Network）

局域网是指在一个企业、学校等较小地理范围内的各种计算机网络设备互连在一起的通信网络，可以包含一个或多个子网，通常局限在几千米的范围之内。

局域网广泛应用于个人计算机的互联，大型计算机的互联，以及办公室自动化的局域网等（局域网中最常见的是以太网）。

2. 城域网（MAN — Metropolitan Area Network）

城域网是介于广域网与局域网之间的一种高速网络。其设计目标是要满足几十公里范围内的大量企业、机关、公司等的多个局域网互联的需求，以实现大量用户之间的数据、语音、图形与视频等多种信息的传输功能。

3. 广域网（WAN — Wide Area Network）

广域网的覆盖地理范围较大，通常为一个国家或一个州，甚至延伸至整个世界。它是由相距较远的局域网互联而成，通常除了计算机设备以外还要涉及一些电信通信方式。

广域网通常借用传统的公共通信网（如电话网），因此其信息传输速率较低。

### 6.1.2.2 按不同的传输介质分类

**1. 有线网络**

采用有线介质连接的网络称为有线网络，传输的信号将被约束到介质实体内。常用的有线介质有同轴电缆、双绞线和光纤。

**2. 无线网络**

采用无线介质的网络称为无线网络。目前无线网络主要采用3种技术：微波通信、红外线通信和激光通信。无线通信不需要传输介质实体。

### 6.1.2.3 按网络的拓扑结构分类

网络的拓扑结构是指通过网中节点与通信线路之间的几何关系表示网络结构，反映网络中各实体间的结构关系。

网络拓扑结构包括物理拓扑结构和逻辑拓扑结构两种。

（1）物理拓扑结构是网络硬件的实际布局。常见的有总线型结构、环型结构、星型结构、树型结构和网状结构等。如图6.1所示。

（2）逻辑拓扑结构是网络中信号的实际传输路径。

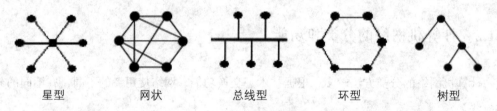

| 星型 | 网状 | 总线型 | 环型 | 树型 |

图6.1 网络物理拓扑结构示意图

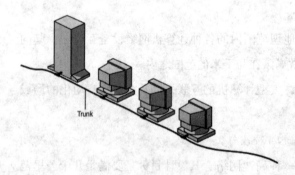

图6.2 总线型结构示意图

**1. 总线型结构**

在总线型结构中，各节点平等地连接到一条高速公用总线上，信息被节点发送到总线上进行传输并能够被连接在总线上的其他各节点接收。如图6.2所示。

优点：结构简单灵活，便于扩充，节点增删、位置变更方便，成本较低。

缺点：故障诊断困难，总线长度受限，信道的利用率低，信息传输过分依赖总线。

**2. 环型结构**

在环型结构中，每个节点均与下一个节点连接，最后一个节点与第一个节点连接，构成一个闭合的环路，信息在环路中单向传递。如图6.3所示。

优点：网络结构简单，路径选择的控制简单化，易实现高速远距离传输。

缺点：扩充不方便，当环中某一节点或线路出现故障可能导致整个网络瘫痪，故障诊断困难。

3. 星型结构

在星型拓扑结构中，各节点通过相应的传输介质与中心节点相连，节点之间的通信要通过中心节点进行转发，中心节点通常是集线器。如图6.4所示

优点：便于集中控制和管理，网络易于扩展，故障检测和隔离方便，且延迟时间小，误码率低。

缺点：中心节点负担重，且一旦发生故障将导致整个网络瘫痪，通信线路利用率较低。

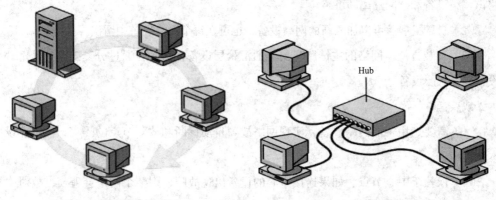

图6.3　环型结构示意图　　　　　　　　　图6.4　星型结构示意图

4. 树型结构

树形结构是由星型结构演变而来的。其实质是星型结构的层次堆叠。如图6.5所示。

优点：易于扩展和故障排除。

缺点：对跟结点的依赖性大，各节点之间信息难以流通，资源共享能力较差，高层节点性能要求较高。

这种层次结构使用于上、下级界限严格的军事单位。

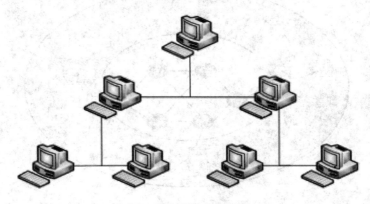

图6.5　树型结构示意图

5. 网状结构（也称混合型拓扑结构）

网状结构是由星型、总线型、环型演变而来的，是前三种基本拓扑混合应用的结果。如图6.6所示

值得提醒的是，在实际应用中，网络的拓扑结构不一定采用单一的形式，而往往是将几种结构结合使用。

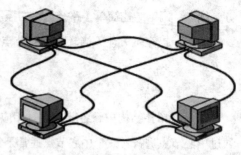

图6.6　网状结构示意图

优点：

（1）故障诊断和隔离较为方便。一旦网络发生故障，只要诊断出哪个网络设备有故障，将该网络设备和全网隔离即可。

（2）易于扩展。可以加入新的网络设备，也可在每个网络设备中留出一些备用端口。

（3）安装方便。网络的主链路只要连通汇聚层设备，然后再通过分支链路连接汇聚层设备和接入层设备。

缺点：

（1）需要选用智能网络设备，实现网络故障自动诊断和故障节点的隔离，网络建设成本比较高。

（2）依赖于中心节点。如果连接中心的设备出现故障，则整个网络会瘫痪，故对中心设备的可靠性和冗余性要求都很高。

## 6.1.3　计算机网络系统的组成

### 6.1.3.1　按逻辑划分

计算机网络系统按逻辑划分，主要分为通信子网和资源子网两部分，如图6.7所示。

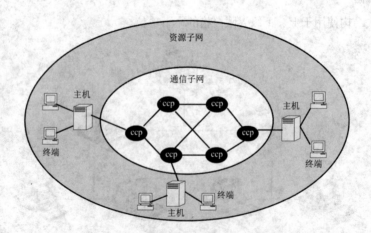

图6.7　计算机网络逻辑组成结构

（1）通信子网。通信子网是由实现网络通信功能的设备及相应软件构成，是计算机网络中负责数据通信的部分。

（2）资源子网。资源子网是由实现资源共享的设备及相应软件构成。

### 6.1.3.2　按系统划分

计算机网络系统按系统划分，主要分为网络硬件和网络软件两部分，如图6.8所示。

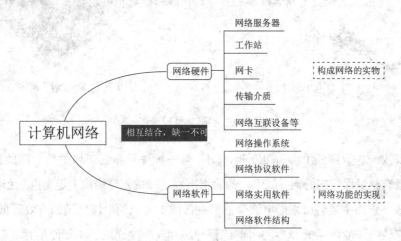

图6.8　计算机网络系统组成结构

1.　网络硬件

（1）网络服务器。运行网络操作系统，提供硬盘、文件数据及打印机共享等服务功能，是网络控制的核心，通常为专用服务器或一台高性能微机，如图6.9所示。

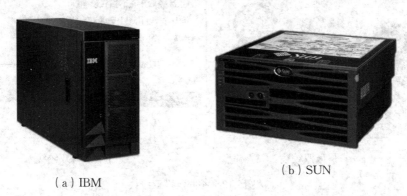

（a）IBM　　　　　　　　　　（b）SUN

图6.9　网络服务器图

服务器按功能可划分为文件服务器、通信服务器、数据库服务器等。局域网中使用较多的是文件服务器。

（2）工作站。工作站是连接到网络上的具有独立工作能力的计算机终端，如PC机，如图6.10所示。

图6.10　PC工作站

（3）网卡（NIC）。网卡又称网络适配器，它将工作站或服务器通过传输介质连接到网络上，是计算机与网络的接口，如图6.11所示。

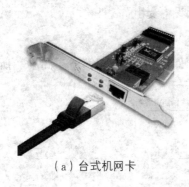

（a）台式机网卡         （b）笔记本电脑网卡

图6.11　不同类型网卡图

（4）双绞线。双绞线（twisted pair，TP）是一种综合布线工程中最常用的传输介质，是由两根具有绝缘保护层的铜导线组成的。把两根绝缘的铜导线按一定密度互相绞在一起，每一根导线在传输中辐射出来的电波会被另一根线上发出的电波抵消，有效降低信号干扰的程度。双绞线一般由两根22～26号绝缘铜导线相互缠绕而成。实际使用时，双绞线是由多对双绞线一起包在一个绝缘电缆套管里的。

双绞线分为屏蔽双绞线（Shielded Twisted Pair，STP）与非屏蔽双绞线（Unshielded Twisted Pair，UTP），如图6.12所示。

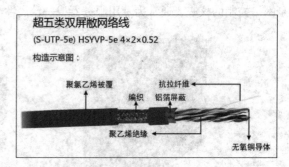

（a）非屏蔽双绞线         （b）屏蔽双绞线

图6.12　不同类型双绞线

（5）同轴电缆。同轴电缆是由一根空心的外圆柱导体和一根位于中心轴线的内导线组成，两导体间用绝缘材料隔开，如图6.13所示。

（6）光纤。光纤是由能传导光波的石英玻璃纤维外加保护层构成的。如图6.14所示。光纤分为单模光纤和多模光纤。

光纤的优点：传输频带宽，数据传输率高，抗干扰能力强，传输距离远，绝缘保密性好等。

（7）交换机（Switch）。交换机是用来实现交换功能的设备，类似于集线器，但其各连接端口能独享带宽。如图6.15所示

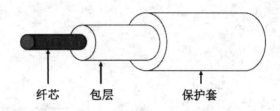

纤芯　包层　保护套

图6.13　同轴电缆　　　　　　　　　　图6.14　光纤

（8）路由器（Router）。路由器是主要用来在多网络互联环境中建立灵活的连接，它对数据包进行转发和过滤，路径选择是其主要任务。如图6.16所示。

图6.15　交换机　　　　　　　　　　　图6.16　路由器

2. 网络软件

在一个网络中进行节点之间的通信、资源共享、文件管理、访问控制等，都是由网络软件来实现的。

（1）网络操作系统。它是指使网络中的计算机能方便而有效地共享网络资源，向网络用户提供的各种服务软件和有关规程的集合。一般的网络操作系统均应具备网络系统管理、文件服务和网络服务等功能。目前最流行的网络操作系统有Windows系列、UNIX和Linux等。

（2）网络协议软件。它是指通信双方共同遵循的控制两实体间数据交换的规则的集合。

通信双方要想成功地通信，就必须有共同的"语言"，并按既定的控制法则来保证相互之间的配合。网络协议主要有ISO/OSI参考模型、IEEE802参考模型等。

（3）网络实用软件。

浏览器软件：IE浏览器、QQ浏览器、Firefox浏览器、傲游浏览器……

聊天软件：QQ、飞信、阿里旺旺、米聊、布谷鸟……

下载软件：迅雷、QQ旋风、快车FlashGet、电骡……

视频软件：爱奇艺、PPS影音、PPTV网络电视、风行、快播、迅雷看看……

（4）网络软件结构。

C/S结构：客户机（Client）/服务器（Server），如图6.17所示。

B/S结构：浏览器（Browser）/服务器（Server），如图6.18所示。

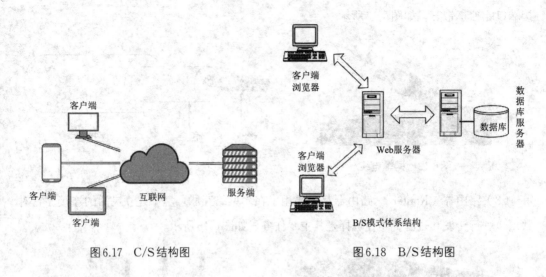

图6.17　C/S结构图　　　　　　　　图6.18　B/S结构图

## 6.1.4　IP地址

因特网上连接有成千上万台电脑，因特网上是如何管理并识别这些计算机呢？原来因特网上的每台主机都分配有一个唯一的地址，称为IP地址。这些IP地址又称为公有地址（Public address），由Inter NIC（Internet Network Information Center因特网信息中心）统一负责分配，通过它可以直接访问因特网，需要组织机构向Inter NIC提出注册申请并按年缴费。

### 6.1.4.1　定义

互联网协议地址（Internet Protocol Address），缩写为IP地址（IP Address）。IP 地址是IP协议提供的一种统一的地址格式，它为互联网上的每一个网络和每台主机分配一个逻辑地址，以此来屏蔽物理地址的差异。

### 6.1.4.2　分类

现在使用的IP地址，按照版本不同可以分为IPv4与IPv6两大类。其中IPv4数量已经分配完毕，目前仍是主流，但正在逐步向IPv6过渡。

1. IPv4地址

IPv4地址是一个32位的二进制数，通常被分割为4个"8位二进制数"（也就是4个字节）。为了便于记忆，一般采用"点分十进制"表示成（a.b.c.d）的形式，其中，a，b，c，d都是0～255之间的十进制整数。

IP（IPv4）地址由两部分组成：一部分为网络地址；另一部分为主机地址。根据IP地址第1位到第4位的比特列对其网络标识和主机标识进行区分，共分为A、B、C、D、E五类，其中A、B、C是基本类，D、E类作为多播和保留使用。如图6.19所示。

IP地址

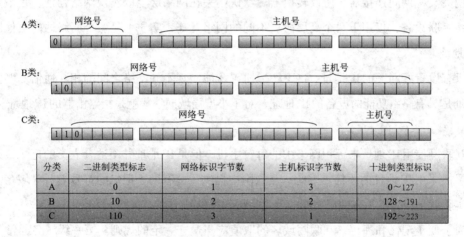

| | 网络号 | 主机号 | |

图6.19　IP地址

为了方便记忆，由点号平均分隔成4组，每组为8位（对应一个字节），并用相应的十进制数来表示（每组对应的十进制数取值范围在0～255之间）。

11000000.10101000.01001111.00001110

192.168.79.14

IP地址结构：

网络号——用于识别主机所在的网络。

主机号——用于识别网络中的主机。

根据IP地址结构的划分，IP地址的基本类型有三类：A类、B类、C类，如图6.20所示。

| 分类 | 二进制类型标志 | 网络标识字节数 | 主机标识字节数 | 十进制类型标识 |
|---|---|---|---|---|
| A | 0 | 1 | 3 | 0～127 |
| B | 10 | 2 | 2 | 128～191 |
| C | 110 | 3 | 1 | 192～223 |

图6.20　IP地址的基本类型

A类地址：10.0.0.0～10.255.255.255。

B类地址：172.16.0.0～172.31.255.255。

C类地址：192.168.0.0～192.168.255.255。

这些使用私网保留地址的网络可以通过路由器设备将本网络内的保留地址翻译转换成公网地址的方式实现与外部网络的互联，这也是保证网络安全的重要方法之一。

2．IPv6地址

IPv6地址是下一版本的互联网协议，也可以说是下一代互联网的协议，它的提出最初是因为随着互联网的迅速发展，IPv4 定义的有限地址空间将被耗尽，而地址空间的不足必将妨碍互联网的进一步发展。为了扩大地址空间，拟通过IPv6以重新定义地址空间。IPv6采用128位地址长度，几乎可以不受限制地提供地址，甚至可以给地球上每颗沙粒分配一个地址。在IPv6的设计过程中除解决了地址短缺问题以外，还考虑了在IPv4中解决不好的其他问题，主要有端到端IP连接、服务质量（QoS）、安全性、多播、移动性、即插即用等。

### 3. 子网掩码

子网掩码是用来判断任意两台计算机的IP地址是否属于同一子网络的根据。子网掩码与IP地址结合使用，可以区分出一个网络地址的网络号和主机号，子网掩码一共分为两类，一类是缺省（自动生成）子网掩码；另一类是自定义子网掩码。缺省子网掩码即未划分子网，对应的网络号的位都置1，主机号都置0，换成点分十进制如下：

A类网络缺省子网掩码：255.0.0.0。

B类网络缺省子网掩码：255.255.0.0。

C类网络缺省子网掩码：255.255.255.0。

### 4. 网关（Gateway）

网关又称网间连接器、协议转换器。默认网关在网络层上以实现网络互连，是最复杂的网络互联设备，仅用于两个高层协议不同的网络互连，实质上是一个网络通向其他网络的IP地址。

只有设置好网关的IP地址，TCP/IP 协议才能实现不同网络之间的相互通信。网关的IP地址是具有路由功能的设备的IP地址，对于小型局域网一般就是指路由器的IP地址。

### 5. 域名系统（DNS）

互联网使用IP地址来标识网络中的每台主机，但是IP地址并不适合人类的记忆，人们也不习惯采用IP地址的通信。因此，互联网中提供一套有助于记忆的符号名——域名。域名的实质就是用一组具有助记功能的英文字母代替的IP地址。

为了便于记忆和理解，互联网域名的取值应当遵守一定的规则。第一级域名通常为国家名（例如"cn"表示中国，"ca"表示加拿大，"us"表示美国等）；第二级域名通常表示组网的部门或组织（例如，"com"表示商业部门，"edu"表示教育部门，"gov"表示政府部门，"mil"表示军事部门等）。二级域以下的域名由组网部门分配和管理。

域名和IP地址都是表示主机的地址，实际上是一件事物的不同表示。用户可以使用主机IP地址，也可以使用它的域名。从域名到IP地址或者从IP地址到域名的转换由域名服务器DNS（Domain Name Sever）完成。

## 6.1.5 实例解析

### 6.1.5.1 拓扑结构

根据组建小型局域网实现共享上网需求拓扑结构如图6.21所示。

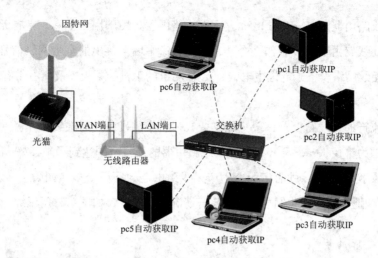

图 6.21　宿舍网络拓扑图

### 6.1.5.2　选择因特网的接入方式

目前主流接入方式分为 ADSL、LAN、PON、FTTH 四种。

（1）ADSL：非对称数字用户线环路。它利用现有的一对铜双绞线，为用户提供上、下行非对称的传输速率，上行为低速传输；下行为高速传输。适用于有宽带业务需求的普通家庭用户、中小商务用户等。

（2）LAN：接入方式主要采用以太网技术，以信息化小区的方式为用户服务。在核心节点使用高速路由器，为用户提供 FTTX+LAN 的宽带接入。基本做到千兆到小区、百兆到居民大楼、十兆到用户。

（3）PON：是一种新兴的宽带接入方式，可向客户提供更稳定的接入和更高速率的带宽。

（4）FTTH：接入方式是在保持用户现有通信业务的基础上，直接将光纤线路接入用户家中，取代原有电缆线路。通信能力及品质大幅提升，宽带可实现 2M/4M/10M 至 100M 多种高速率接入，上网速度更快，网络质量更加稳定，在线高清视频、网络电视、高速下载、大型网游等网络应用更加给力。

### 6.1.5.3　选择相关的网络设备

根据我们选择的上网方式，需要选择光猫、无线路由器、网线、交换机等相关网络设备。

（1）光猫。光猫也称为单端口光端机，是针对特殊用户环境而设计的产品，它利用一对光纤进行单 E1 或单 V.35 或单 10BaseT 点到点式的光传输终端设备。该设备作为本地网的中继传输设备，适用于基站的光纤终端传输设备以及租用线路设备。而对于多口的光端机一般会直称作"光端机"，对单端口光端机一般使用于用户端，工作类似常用的广域网专线（电路）联网用的基带 MODEM，而又称作"光猫""光调制解调器"。该设备通常由宽带运营商提供，如图 6.22 所示。

图 6.22　光猫

（2）无线路由器（Wrieless Router）。无线路由器是用于用户上网、带有无线覆盖功能的路由器。无线路由器可以看作一个转发器，将家中墙上接出的宽带网络信号通过天线转发给附近的无线网络设备（笔记本电脑、支持WIFI的手机、平板以及所有带有WIFI功能的设备）。

市场上流行的无线路由器一般只能支持15~20个的设备同时在线使用。一般的无线路由器信号范围为半径50m，已经有部分无线路由器的信号范围达到了半径300m。一般都还集成2~4个交换机端口，目前市场上生产无线路由器的厂商众多，如腾达、水星、小米、360、华为、锐捷等公司，我们可以根据自身情况进行选择，如图6.23所示。

图6.23　无线路由器

（3）网线。一般由金属或玻璃制成，它可以用来在网络内传递信息。常用的网络电缆有三种：双绞线、同轴电缆和光纤电缆（光纤）。双绞线是由许多对线组成的数据传输线。它的特点是价格便宜，所以被广泛应用。双绞线是用来和RJ45水晶头相连的，有STP和UTP两种，常用的是UTP。如图6.24（a）所示，超五类双绞线共有4对，每条芯线都标有特别的颜色，分别为"橙白、橙、绿白、绿、蓝白、蓝、棕白、棕" 8种颜色的芯线。水晶头由金属片和塑料构成，制作网线时有T568A/ T568B两种标准，一般采用T568B标准。制作网线需要专用的网线钳和测试设备，比较麻烦，基于成本考虑，可以根据网线的数量和长度直接购买做好的成品网线，如图6.24（b）所示。

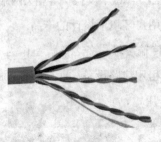

（a）超五类双绞线　　　　　　　　　　（b）成品超五类双绞线

图6.24　双绞线

（4）交换机。交换机（Switch）意为"开关"，是一种用于电（光）信号转发的网络设备。它可以为接入交换机的任意两个网络节点提供独享的电信号通路。最常见的交换机是以太网交换机。其他常见的还有电话语音交换机、光纤交换机等。在一个局域网内，若同时连接的有线端口数超过4台以上，就得采用交换机来进行增加端口数量，常见的家庭及办公室交换机有4口、8口、12口、24口及48口等，根据实际需要选择不口端口交换机。如图6.25所示。

（5）设备连接。将前面准备好的设备和网线按照拓扑图连接起来并接通电源，如图6.26所示。

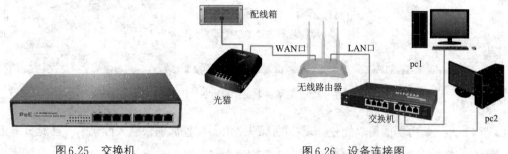

图6.25　交换机　　　　　　　　　　　　图6.26　设备连接图

（6）本地计算机IP地址配置。要配置路由器，首先要保证本地计算机能够正常访问路由器，早期的路由器都有默认IP地址，由于配置IP地址过程比较烦琐，现在路由器地址配置时只需要访问给定的域名或IP地址，可以下载指定的APP，通过手机或移动端设置即可进行配置，但前提是确定本地计算机的IP获取方式是动态的不是静态的，由于一般计算机网络的IP地址默认设置都是动态获取的，这就给配置路由器提供了方便。

步骤1：设置计算机IP地址获取方式为自动获取。在Windows 10桌面上右单击"网络"图标，再单击"属性"按钮，进入如图6.27所示界面。

图6.27　Windows 10网络和共享中心

步骤2：在弹出的窗口中点击"Internet 本地连接"，再点击"属性"，选择"Internet protocol version 4（TCP/IPv4）属性"在窗口中选择"自动获得IP地址及自动获得DNS服务器地址"选项，如图6.28所示。

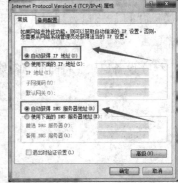

图6.28　更改本地连接IP地址方式

（7）无线路由器的简单配置。现在的无线路由器配置都越来越人性化了，已充分考虑了普通大众的技术能力，设置非常简单且有配置向导，迅捷路由器设置根据向导只需三步即可完成。

步骤1：打开浏览器，在地址栏输入地址：192.168.0.1，回车进入路由器配置向导。根据向导提示，第一步先配置路由器管理密码，两次密码要确保一致，如图6.29所示。

步骤2：系统检测密码配置无误后，选择上网方式为"宽带拨号上网"（注：根据实际情况选择其中一种上网方式，上网方式有：宽带拨号上网、固定IP地址、自动获得IP地址），若不清楚也可以选择为"自动检测"路由器会根据系统自动进行检测而选择。输入运营商提供的上网账号和密码，如图6.30所示。

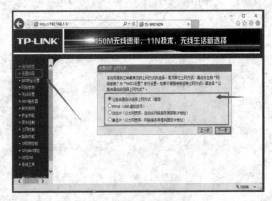

图6.29　创建管理员登录密码　　　　　　图6.30　设置上网方式

步骤3：设置无线网络名称和无线网络密码，如图6.31所示设置完成后，单击打钩按钮，系统会保存设置并进入到系统配置参数预览页面，如图6.32所示。此时电脑就可以上网了，手机或笔记本电脑也可以通过连接无线上网了。

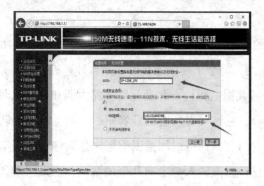

图6.31　设置无线WIFI密码

图6.32　保存配置

（8）配置路由器其他设置。若想对路由器的默认访问地址192.168.0.1地址进行更改，即可在"图6.33　LAN口设置"中进行更改，可有效防止他人登录无线路由器进行更改配置的风险。例如：把"IP地址"编号③地址改为"192.168.11.250"那么想访问此无线路由器必须在地址栏输入此地址方可访问路由器。若想对自动分配出的IP地址进行调整，即可在"图6.34　DHCP服务器设置"进行配置，"地址池开始地址、地址池结束地址"例，开始地址为192.168.11.100，结束地址为192.168.11.105，连接此路由器的台数就有效限定在了6台设备。

图6.33　LAN口设置

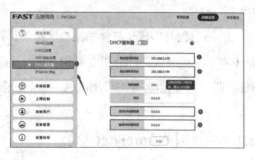

图6.34　DHCP服务器设置

# 任务6.2　网络资源搜索与下载

任务6.2 ▶

　　网络进入人们的生活，时间并不很久。但人们的生活现在已无处不感受到网络的存在和影响，如通信方面的方便，使用QQ、微信，没成本的跨地区交流；资讯方面，网络能够快速地将世界各地发生的新闻事件瞬间展现在人们面前，人们也能通过网络全面地搜索到想要查找的各种资讯；娱乐方面，通过网络，人们可以打游戏，看电视电影等；办公方面，网络实现了家庭办公，并且办公方面的成本大量降低，效率大大提高。学习掌握如何搜索和下载网络资源，利用网络不断改变我们的生活、工作、学习，增长知识和技能。

项目 6　计算机网络与安全

187

### 6.2.1　Internet的简介

因特网（Internet）是一组全球信息资源的总汇。有一种粗略的说法，认为Internet是由于许多小的网络（子网）互联而成的一个逻辑网，每个子网中连接着若干台计算机（主机）。Internet以相互交流信息资源为目的，基于一些共同的协议，并通过许多路由器和公共互联网而成，它是一个信息资源和资源共享的集合。它连接着所有的计算机，人们可以从互联网上找到不同的信息，有数百万对人们有用的信息，你可以用搜索引擎来找到你所需的信息。搜索引擎帮助我们更快更容易地找到信息，只需输入一个或几个关键词，搜索引擎会找到所有符合要求的网页，你只需要点击这些网页即可。通过Internet，用户可实现全球范围的电子邮件、文件传输、WWW信息查询与浏览等功能。

### 6.2.2　Internet的发展

Internet起源于美国，其前身是Arpanet网络，其核心技术是分组交换技术，最大的贡献是推出了TCP/IP（传输控制协议/网际协议）协议，到1980年，Arpanet成为Internet最早的主干。期间，出现了一些互联网之父，如蒂姆·伯纳斯·李，温顿·瑟夫，罗伯特·卡恩。

Internet网开始接受其他国家地区接入。目前Internet已经是世界上规模最大、信息资源最丰富、发展最快的计算机互联网。Internet又称因特网，是一个以TCP/IP通信协议为基础的网际网，是由各种网络组成的一个全球信息网。

### 6.2.3　我国的Internet发展

1994年，我国通过TCP/IP连接Internet，并设立了中国最高域名（CN）服务器。截至2020年3月，中国网民规模为9.04亿，较2018年底增长7508万，互联网普及率达64.5%；手机网民规模达8.97亿，网民使用手机上网的比例达99.3%。

### 6.2.4　统一资源定位系统

统一资源定位系统（uniform resource locator；URL）是因特网的万维网服务程序上用于指定信息位置的表示方法。它最初是由蒂姆·伯纳斯·李发明用来作为万维网的地址。现在它已经被万维网联盟编制为互联网标准RFC1738。

## 6.2.5　超链接

超级链接简单来讲，就是指按内容链接。超级链接在本质上属于一个网页的一部分，它是一种允许我们同其他网页或站点之间进行连接的元素。各个网页链接在一起后，才能真正构成一个网站。所谓的超链接是指从一个网页指向一个目标的连接关系，这个目标可以是另一个网页，也可以是相同网页上的不同位置，还可以是一个图片，一个电子邮件地址，一个文件，甚至是一个应用程序。而在一个网页中用来超链接的对象，可以是一段文本或者是一个图片。当浏览者单击已经链接的文字或图片后，链接目标将显示在浏览器上，并且根据目标的类型来打开或运行。

## 6.2.6　搜索引擎

搜索引擎是根据用户需求与一定算法，运用特定策略从互联网检索出指定信息反馈给用户的一门检索技术。搜索引擎依托于多种技术，如网络爬虫技术、检索排序技术、网页处理技术、大数据处理技术、自然语言处理技术等，为信息检索用户提供快速、高相关性的信息服务。搜索引擎技术的核心模块一般包括爬虫、索引、检索和排序等，同时可添加其他一系列辅助模块，为用户创造更好的网络使用环境。

百度搜索：https：//www.baidu.com/

搜狗搜索：https：//www.sogou.com/

360搜索：https：//www.so.com/

谷歌搜索：https：//www.google.cn/

必应搜索：https：//cn.bing.com/

## 6.2.7　常用的下载工具

现如今有很多下载工具，每款下载工具也各具特色，如当前主流下载软件有：迅雷、BitComet（比特彗星）、QQ旋风、快车（FlashGet）、电驴等。但随着如今网速的不断增速，下载小于几百兆的资源文件都可以用各浏览器自带的下载工具即可完成。若要下载更大的数据资源如在几个G大小的视频、软件、游戏等就建议大家使用专用下载软件，下面以常用的"迅雷"下载工具为例进行介绍。

迅雷是迅雷公司开发的一款基于多资源超线程技术的下载软件，优点在于：①下载加速镜像服务器，加速全网数据挖掘，自动匹配与资源相同的镜像用户下载；②P2P加速利用P2P技术进行用户之间的加速，该通道产生的上传流量会提升通道的健康度，从而提升通道加速效果；③高速通道CDN加速，高速通道可以利用您物理带宽的上限进行加速，如您是4M的宽带，那您最高的下载速度是390~420KB/S"，用户下载了一个迅雷服务器上没有的资源，迅雷会记录资源地址，云端准备完成后其他用户在下载时即可用高速通道下载；④离线下载加速，您只需提交任务链接，云端准备完成后即可高速下载。

现在常用的是迅雷11，可以到官方网站下载，浏览器地址栏输入http：//www. xunlei. com/，如图6.35所示。单击"立即下载"，下载安装成功后软件即进入工作状态，自动关联常见资源的下载，随时监控着用户浏览器上的下载链接，当用户单击网页上下载连接时，迅雷就会自动弹出下载对话框，由迅雷软件优先进行下载。

图6.35　迅雷下载页面

## 6.2.8　浏览器

浏览器是用来检索、展示以及传递Web信息资源的应用程序。Web信息资源由统一资源标识符（ Uniform Resource Identifier, URI）所标记，它是一张网页、一张图片、一段视频或者任何在Web上所呈现的内容。使用者可以借助超级链接（ Hyperlinks），通过浏览器浏览互相关联的信息。主流的浏览器分为IE、Chrome、Firefox、Safar等几大类。

（1）IE浏览器。IE浏览器是微软推出的Windows系统自带的浏览器，它的内核是由微软独立开发的，简称IE内核，该浏览器只支持Windows平台。国内大部分的浏览器，都是在IE内核基础上提供了一些插件，如360浏览器、搜狗浏览器等。

（2）Chrome浏览器。Chrome浏览器由Google在开源项目的基础上进行独立开发的一款浏览器，市场占有率第一，而且它提供了很多方便开发者使用的插件，因此该浏览器也是本书开发的主要浏览器。Chrome浏览器不仅支持Windows平台，还支持Linux、Mac系统，同时它也提供了移动端的应用（如Android和iOS平台）。

（3）Firefox浏览器。Firefox浏览器是开源组织提供的一款开源的浏览器，它开源了浏览器的源码，同时也提供了很多插件，方便用户的使用，支持Windows平台、Linux平台和Mac平台。

（4）Safari浏览器。Safari浏览器主要是Apple公司为Mac系统量身打造的一款浏览器，主要应用在Mac和iOS系统中。

## 6.2.9　实例解析

### 6.2.9.1　使用主流浏览器

（1）以Windows 10系统自带的IE浏览器为例，双击桌面"Microsoft Edge"图标即可启动浏览器。要访问某个网址，需要在"地址栏"中输入相应的网址，并按<Enter>键，即可浏览相应网页，如图6.36所示。

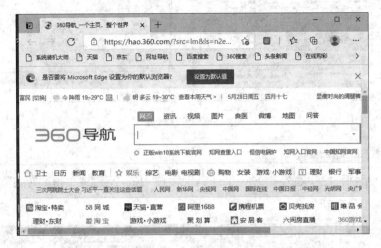

图6.36　打开新浪首页

（2）收藏网页。网络信息资源丰富，看到喜欢或常用的网站要记住网址或每次进行搜索来查找，费时费力，通过浏览器上的"收藏夹"，点击"添加到收藏夹"或"添加到收藏夹栏"，下次用时在收藏栏里直接打开即可，如图6.37所示。

图6.37　IE收藏栏

（3）保存与打印网页信息。当我们看到喜欢的内容时，可以选择保存网页内容或打印网页内容，操作方法如下：

步骤1：点击"文件"—"另存为"—在"保存类型"中选择自己需要的文件类型，进行网页内容的保存，如图6.38所示。

步骤2：点击"文件"—"打印"—在打印页面对话框中选择好指定打印机，再点击"打印"即可通过打印机输出网站内容如图6.39所示。

最可怕的敌人，就是没有坚强的信念。

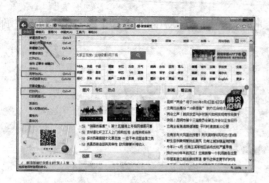

图 6.38　保存网页

### 6.2.9.2　使用百度搜索引擎

（1）在网页地址栏中输入"www.baidu.com"按 <Enter> 键或单击"转到"即进入到百度官网，如图 6.40 所示。

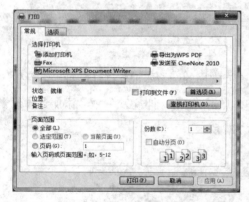

图 6.39　打印网站页面　　　　　　　　图 6.40　百度搜索主页

（2）在搜索引擎上搜索相关信息时，输入关键词的内容决定了搜索内容的范围，如我们输入"水利水电职业学院"单击"百度一下"，即查找出 5400 多万条信息，其包含了"水利水电职业学院"关键词的内容，也包含着"水利水电""学院"等关键词的结果页，其中很多结果并不是我们想要查找的页面。如图 6.41 所示。

（3）想要能更加精确地搜索到我们想要的内容，可以在输入相应关键词时，增加一些关键符号，促使搜索引擎查找到的内容更加精准；在关键词上加双引号，如："水利水电职业学院"，即告诉搜索引擎，查找的内容只能包含"水利水电职业学院"这连续的关键词，如图 6.42 所示，搜索出的内容页只是原来的 6 分之 1 的数量。同时还可以增加"+""−"号，如"＋云南＋水利水电职业学院"即为搜索出内容中必须包含有"云南"和"水利水电职业学院"。又如在关键词中输入"−"即代表搜索中不能包含"−"的内容，如："智能手机−苹果手机"即搜索内容中不能出现有"苹果手机"内容，如图 6.43、图 6.44 所示；一定不包含"苹果手机"。注意：前一个关键词和减号之间必须有空格，否则，减号会被当成连字符处理，而失去减号语法功能。

谁把安逸当成幸福的花朵，那么等到结果时节，他只能望着空枝叹息。

图 6.41　搜索不带双引号页面

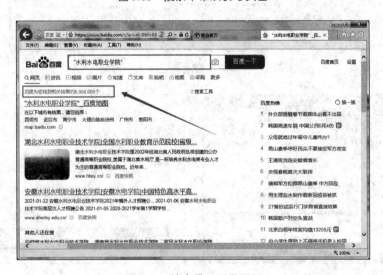

图 6.42　搜索带双引号页面

图 6.43　关键字为"智能手机"页面

图 6.44　关键字为"智能手机 —苹果手机"页面

### 6.2.9.3 搜索并下载软件

在百度搜索栏中输入"全国计算机等级考试一级、二级WPS考试应用软件下载"关键词内容，如图6.45下载软件页面；在搜索出来的页面中，找到并点击"中国教育考试网"对应的地址链接，进入到软件下载页面，如图6.46、图6.47所示。

图6.45　下载软件页面

图6.46　下载软件链接页面

图6.47　迅雷自动接管下载页面

## 任务6.3　电子邮件的收发

电子邮件（E-Mail）是一种最重要的学习、工作文件传递沟通方式，有了电子邮箱就可以充分发挥其作用。例如：学校准备组织一次科技创新大赛，很多同学都有独特的见解，同学们可以通过电子邮件与老师或同学交流自己的想法和提交参赛作品等。职场中电子邮件的用途主要体现为日常工作交流、传递自身的某种理念和情感、获取外界信息和展示职场形象等。据统计，80%的外企职场人每天上班要做的第一件事，就是打开电子邮箱收发邮件；70%的职场人，下班前的最后一件事是查看邮箱，确认有没有尚未处理的紧急邮件；30%的职场人，即使下班或周末在家

任务6.3

休息，也要强迫症式地登录公司邮箱查看有没有漏掉紧要的任务。

## 6.3.1 电子邮件概述

电子邮件（Electronic Mai）简称E-mail，是一种用电子手段提供信息交换的通信方式，是互联网应用最广的服务。通过网络的电子邮件系统，用户能以非常低廉的价格、非常快速的方式，与世界上任何一个角落的网络用户联系。电子邮件可以是文字、图像、声音等多种形式。同时，用户可以得到大量免费的新闻、专题邮件，并轻松地实现信息搜索。电子邮件的存在极大地方便了人与人之间的沟通与交流，促进了社会的发展。

## 6.3.2 常见电子邮箱

| | |
|---|---|
| 微软睿邮（微软） | 126邮箱（网易） |
| Exchange邮箱（阳光互联） | 188邮箱（网易） |
| Outlook mail（微软） | 21CN邮箱（世纪龙） |
| MSN mail（微软） | 139邮箱（移动） |
| Gmail（谷歌） | 189邮箱（电信） |
| 35mail（35互联） | 梦网随心邮 |
| Yahoo mail（雅虎） | 新华邮箱 |
| QQ mail（腾讯） | 人民邮箱 |
| FOXMAIL（腾讯） | 中国网邮箱 |
| 163邮箱（网易） | 新浪邮箱 |

## 6.3.3 常见邮件处理软件

| | |
|---|---|
| 网易邮箱大师 | 微邮 |
| The Bat | 电子邮件聚合器 |
| Windows Live Mail Desktop | IncrediMail |
| KooMail | Mozilla Thunderbird |
| 梦幻快车DreamMail | Outlook Express |
| Becky | MailWasher |
| Foxmail | |

### 6.3.4　电子邮件协议

邮件协议是指用户在客户端计算机上可以进行电子邮件的发送和接收的方式。常见的协议有SMTP、POP3和IMAP。

#### 6.3.4.1　SMTP协议

SMTP称为简单邮件传输协议，它可以向用户提供高效、可靠的邮件传输方式。SMTP的一个重要特点是它能够在传送过程中转发电子邮件，即邮件可以通过不同网络上的邮件服务器转发到其他的邮件服务器。

SMTP协议工作在两种情况下：一是电子邮件从客户机传输到邮件服务器；二是从某一台邮件服务器传输到另一台邮件服务器。SMTP是个请求/响应协议，它监听25号端口，用于接收用户的邮件请求，并与远端邮件服务器建立SMTP连接。

#### 6.3.4.2　POP3协议

POP称为邮局协议，用于电子邮件的接收，它使用TCP的110端口，常用的是第三版，所以简称为POP3。

POP3仍采用C/S工作模式。当客户机需要服务时，客户端的软件（如Outlook Express）将与POP3服务器建立TCP连接，然后要经过POP3协议的3种工作状态：首先是认证过程，确认客户机提供的用户名和密码；在认证通过后便转入处理状态，在此状态下用户可收取自己的邮件，在完成相应操作后，客户机便发出quit命令；此后便进入更新状态，将作删除标记的邮件从服务器端删除掉。到此为止，整个POP过程完成。

#### 6.3.4.3　IMAP协议

IMAP称为Internet信息访问协议，主要提供的是通过Internet获取信息的一种协议。IMAP像POP3那样提供了方便的邮件下载服务，让用户能进行离线阅读，但IMAP能完成的却远远不只这些。IMAP提供的摘要浏览功能可以在阅读完所有的邮件到达时间、主题、发件人、大小等信息后再作出是否下载的决定。

### 6.3.5　邮箱的申请

邮箱的申请是通过网络电子邮局为网络客户提供的电子信息空间，用户可向Internet服务提供商申请电子邮箱，如图6.48所示。可提供电子邮箱的企业或网站很多，每个人可以根据自己的需求不同，选择最适合自己的邮箱。但在选择时，一般都应遵循从"信息安全，反垃圾邮件。防杀病毒，邮箱容量，稳定性，收发速度，能否长期使用，邮箱的功能，进行搜索和排序是否方便和精细，邮件内容是否可以方便管理，使用是否方便，多种收发方式等综合考虑。"

图6.48　电子邮箱申请页面

网上有很多网站均设有收费与免费的电子信箱，供广大网友使用。虽然免费的电子信箱比起收费的信箱保密性差，不够安全，但还是有相当多的网友申请并获得了免费的电子信箱。今将申请免费的电子信箱的方法介绍如下：

网上电子信箱地址的建立：①先选择一个设有免费信箱的网站；②设置与确定自己的电子邮箱地址；③上网进行申请，成功后即可正常使用该邮箱发送接收邮件。

每个电子信箱对应着一个信箱地址或邮件地址，其格式为：用户名@邮件服务器域名。

用户名：字母与数字的组合。

邮件服务器域名：是邮件服务器地址；字符"@"是一个固定符号。

例如：xiaol23@sohu.com ；yanguang@yahoo.com.cn

## 6.3.6　电子邮件的组成

收件人：即为邮件收取人。注：地址不能出错，若同时要发给多人，可以在收件人之间加"；"分号进行分割，如："281956266@qq.com ；807639333@qq.com"即给两人同时发送邮件。

主题：即邮件的标题，是对邮件内容的一个简短概括。如果收信人的信箱中有很多邮件，可利用主题来快速找到自己需要的邮件。

正文：邮件的正文就是包含实际邮件内容的文字。

附件：是随同电子邮件发出的附带文件，附件的类型没有限制，如图6.49所示。

图6.49　电子邮件的组成

### 6.3.7 实例解析

#### 6.3.7.1 申请免费邮箱

目前国内可申请免费邮箱的网站有很多，比如常见的网易163、126、yeah邮箱，申请地址为：https：//email.163.com/；新浪邮箱，申请地址为https：//mail.sina.com.cn/；雅虎邮箱，申请地址为：https：//login.yahoo.com/；QQ邮箱，申请地址为：https：//mail.qq.com/等，不同的网站申请方法都大同小异，现以网易163邮箱为例进行申请。

（1）在浏览器地址栏输入网易邮箱申请地址：https：//email.163.com/按＜Enter＞键后，进入到登录界面，界面如图6.50所示。

图6.50　163邮箱登录和申请页面

（2）点击"注册新账户"即进入到申请界面，如图6.51所示。

图6.51　163邮箱注册申请页面

按照页面提示输入自己喜欢的邮箱号码，除"@163.com"为固定格式外，其他都可以自设，但不得与其他用户重名，若重名，邮箱会自动提示"该邮箱地址不可注册"，只有修改后系统提示"恭喜，该邮件地址可以注册"才能使用此邮箱地址，然后按照格式要求正确输入邮箱密码，手机号等信息，当手机号输入后，会弹出二维码窗口，用手机扫码后，通过自动短信发送点击"立即注册"按钮，即可注册成功，如图6.52所示。若提示失败请根据提示信息重新输入再次提交即可。

图6.52　邮箱注册成功页面

### 6.3.7.2　通过浏览器端完成收发邮件

（1）通过在浏览器地址栏输入"https∶//mail.163.com/"在"邮箱账号登录"窗口中输入账号密码即可登录；如图6.53所示。

图6.53　邮箱登录及登录成功后页面

（2）进入邮箱后，左侧为邮箱的工具栏，点击"收信箱"，就能看到右边的"收信箱"列表中有一封邮箱，主题为"网易邮件中心"的邮件，点击即打开邮件内容。

（3）若要发邮件，点击"写信"，在"收件人"中输入自己的邮箱地址"yfywl282020@163.com""主题"中输入主题，如给自己发送一封邮件主题为"新年快乐"，点击"添加附件"添加想同时发送的文件。此次我们同时传送一张图片，名为"新年快乐.GPG"，如图 6.54 所示。

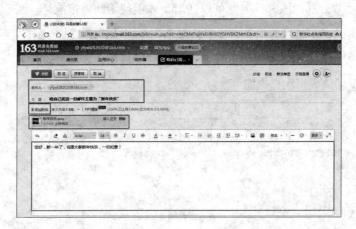

图 6.54　写信页面

（4）发送成功后，返回邮箱首页，单击"收信"或"收件箱"按钮打开收件箱，就会看到刚才发给自己的邮件，单击邮件标题就可以阅读邮件详细内容，如果包含附件还可以单击附件下载保存到本地。如图 6.55 所示。

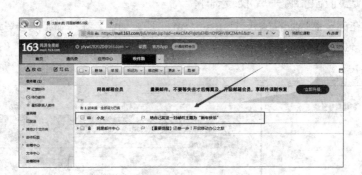

图 6.55　收信箱页面

### 6.3.7.3　使用客户端软件收发电子邮件

现在免费邮箱除了支持通过浏览器收发电子邮件外，还支持通过客户端软件或第三方软件来收发邮件，常用的客户端有很多如 Foxmail、网易邮箱大师等，其中网易邮箱大师支持所有邮箱，安装后很多不同公司的邮箱基本不需要额外配置就能收发邮件，本次就以网易邮箱大师为例介绍收发过程。

（1）下载安装网易邮箱大师，打开网易 163 邮箱网址"https：//mail.163.com/"，单击"下载 Windows 版"超链接，就可以下载此软件；如图 6.56 所示

（2）下载好后，双击运行安装包，在弹出的窗口中点击"立即安装"，如图 6.57 所示，稍后即安装完成。

图6.56　下载网易邮箱大师页面

图6.57　安装软件页面

（3）安装完后，在电脑桌面上就多出"网易邮箱大师"图标，双击运行，即弹出网易邮箱大师窗口；点击"登录大师账号"输入邮箱账号密码（图6.58）。

图6.58　运行网易邮箱大师页面

（4）进入邮箱客户端后，软件会自动下载邮箱服务器上的电子邮件到本地，单击收件箱就可以方便地在本地查看电子邮件，还可以直接回复邮件，单击左上角的"写邮件"按钮就可以向web邮箱一样写信了。如果我们有多个邮箱需要通过客户端收发信，可以单击添加邮箱账号，如图6.59所示。

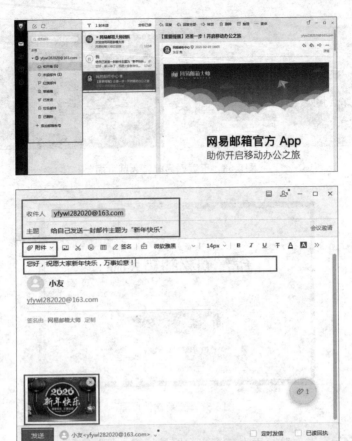

图 6.59　用客户端软件收发邮件页面

# 任务 6.4　安装计算机安全防护软件

随着计算机技术的飞速发展，各种软件的功能越来越广泛，极大地方便了人们的生活和工作。同时，在影响计算机安全运行的各种软件应用程序过程中，安全性问题逐渐变得敏感脆弱起来，这对用户的数据信息构成了重大威胁。目前在计算机网络系统中，无论是在局域网中还是在互联网中都普遍存在着技术弱点和人为疏忽等潜在的威胁，导致计算机容易受黑客攻击和病毒感染，并呈不断上升的趋势。计算机安全问题既有计算机系统本身所固有的缺陷，也有来自外部的威胁。因此使用计算机的用户必须更加注意计算机信息安全性，并确保计算机数据安全可靠。

任务 6.4

## 6.4.1　计算机安全

中国公安部计算机管理监察司对计算机安全的定义是"计算机安全是指计算机资产安

全，即计算机信息系统资源和信息资源不受自然和人为有害因素的威胁和危害。"信息系统（包括硬件、软件、数据、人、物理环境及其基础设施）受到保护，不受偶然的或者恶意的原因而遭到破坏、更改、泄露，系统连续可靠正常地运行，信息服务不中断，最终实现业务连续性。

## 6.4.2　计算机病毒

计算机病毒是人为制造的，有破坏性，又有传染性和潜伏性的，对计算机信息或系统起破坏作用的程序。它不是独立存在的，而是隐蔽在其他可执行的程序之中。计算机中病毒后，轻则影响机器运行速度，重则死机系统破坏。因此，病毒给用户带来很大的损失，通常情况下，我们称这种具有破坏作用的程序为计算机病毒。

计算机病毒按存在的媒体分类，可分为引导型病毒、文件型病毒和混合型病毒3种；按链接方式分类，可分为源码型病毒、嵌入型病毒和操作系统型病毒等3种；按计算机病毒攻击的系统分类，分为攻击DOS系统病毒，攻击Windows系统病毒，攻击UNIX系统的病毒。如今的计算机病毒正在不断地推陈出新，其中包括一些独特的新型病毒暂时无法按照常规的类型进行分类，如互联网病毒（通过网络进行传播，一些携带病毒的数据越来越多）、电子邮件病毒等。

计算机病毒被公认为数据安全的头号大敌，从1987年电脑病毒受到世界范围内的普遍重视，我国也于1989年首次发现电脑病毒。目前，新型病毒正向更具破坏性、更加隐秘、感染率更高、传播速度更快等方向发展。因此，必须深入学习电脑病毒的基本常识，加强对电脑病毒的防范。

## 6.4.3　木马攻击

木马和病毒本质上是相似的。木马的本质实际上是一个程序，但是木马攻击的方法与病毒不同。木马通常伪装成游戏或对话程序，这也是一种黑客手段。由于木马是伪装的，因此计算机用户不了解其中缘由。如果用户未识别该木马，则该木马会潜入计算机用户启动的软件中。此后，木马通过网络向攻击者提供信息，并将计算机用户的IP地址和默认端通知攻击者。攻击者收到该信息后，会根据程序信息远程修改某些计算机用户定义的参数，寻找计算机后门，伺机窃取被控计算机中的密码和重要文件等。可以对被控计算机实施监控、资料修改等非法操作。木马病毒具有很强的隐蔽性，可以根据黑客意图突然发起攻击，从而窃取机密信息并获取想要的文件，进而导致用户的信息泄露，使犯罪分子得逞。

### 6.4.4　网络黑客攻击

网络黑客是指非法访问计算机网络、破坏和攻击用户计算机的攻击者。首先，网络黑客的风险取决于黑客的动机。一些黑客只是好奇计算机用户的隐私，不会破坏或攻击计算机。其次，黑客是漫无目的的，但这些黑客会造成很大的问题。他们采取非法手段，侵入用户的计算机系统，操纵用户的网站和内容，攻击用户，甚至造成网络瘫痪。一些黑客对用户的计算机系统进行了恶意攻击和破坏，黑客的入侵对计算机网络的攻击和破坏是难以想象的。计算机网络的开放性和交换性意味着计算机信息的安全性存在一些固有的缺陷，缺乏相应的安全机制。因此，它在质量、安全性、舒适性和宽带方面是不兼容的，计算机系统实际上是一个复杂的软件程序。在原来的计算机操作系统的开发和建设中，虽然设置得非常严格，但是思想上应该非常严谨，避免很多空白。然而，时代在进步，技术在飞速发展，知识在不断更新，计算机正在被历史创造，不可避免地会有一个或多个这样的漏洞成为黑客攻击和网络破坏安全的目标。

### 6.4.5　杀毒软件

杀毒软件，也称反病毒软件或防毒软件，是用于消除电脑病毒、特洛伊木马和恶意软件等计算机威胁的一类软件。杀毒软件通常集成监控识别、病毒扫描和清除、自动升级、主动防御等功能，有的杀毒软件还带有数据恢复、防范黑客入侵、网络流量控制等功能，是计算机防御系统（包含杀毒软件，防火墙，特洛伊木马和恶意软件的查杀程序，入侵预防系统等）的重要组成部分。杀毒软件是一种可以对病毒、木马等一切已知的对计算机有危害的程序代码进行清除的程序工具。"杀毒软件"由国内的老一辈反病毒软件厂商起的名字，后来由于和世界反病毒业接轨统称为"反病毒软件""安全防护软件"或"安全软件"。集成防火墙的"互联网安全套装""全功能安全套装"等用于消除电脑病毒、特洛伊木马和恶意软件的一类软件，都属于杀毒软件范畴。

### 6.4.6　防火墙

防火墙技术是通过有机结合各类用于安全管理与筛选的软件和硬件设备，帮助计算机网络于其内、外网之间构建一道相对隔绝的保护屏障，以保护用户资料与信息安全性的一种技术。防火墙技术的功能主要在于及时发现并处理计算机网络运行时可能存在的安全风险、数据传输等问题，其中处理措施包括隔离与保护，同时可对计算机网络安全当中的各项操作实施记录与检测，以确保计算机网络运行的安全性，保障用户资料与信息的完整性，为用户提供更好、更安全的计算机网络使用体验。

## 6.4.7 实例解析

### 6.4.7.1 开启系统防火墙

在windows 10操作系统中，系统默认为开启防火墙功能的，但部分ghost版本及用户通过优化后默认防火墙为关闭状态，这对系统存在了不安全因素，容易导致病毒感染或遭到攻击。下面介绍防火墙的开启操作。

步骤1：在桌面右击"网络"—"属性"—点击"windows defender 防火墙"—"启用或关闭windows defender防火墙"如图6.60、图6.61所示。

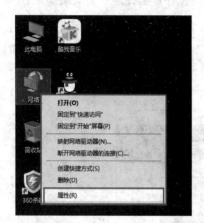

图6.60 打开防火墙操作页面

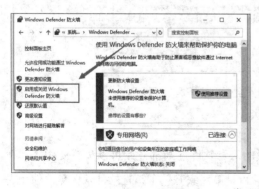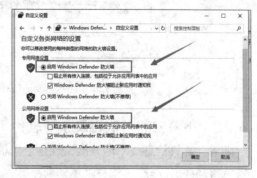

图6.61 正常开启防火墙操作页面

步骤2：点击"启用或关闭windows defender防火墙"后在弹出的对话框中选中"专用网络设置"及"公用网络设置"栏目中的"启用windows defender防火墙"，当看到状态中提示"启用"即为开启成功，同时"windows defender防火墙"页面中主色调"红色"窗口也变为了"绿色"，如图6.62所示。

实现中华民族伟大复兴，人才越多越好，本事越大越好。

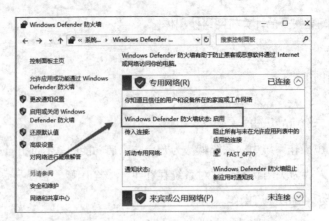

图6.62  防火墙正常开启后的状态页面

步骤3：防火墙开启成功之后，此后所有要连接网络的程序都必须经过防火墙验证后才能继续进行，如图6.63所示，"windows 安全中心警报"会提取访问网络程序的相关信息，若同意访问即点击"允许访问"，若不同意就点击"取消"就会拦截网络访问，这样可以有效防止黑客、木马、病毒的攻击和破坏。

图6.63  防火墙windows安全中心警报提示页面

### 6.4.7.2  下载安装防病毒及杀毒软件

随着计算机信息技术的发展，现在个人版的杀毒软件逐渐都开始可以免费使用了，在国内杀毒软件中以360杀毒软件为典型代表，它也是第一家开创了杀毒软件永久免费使用先河的公司。同时360公司提供了一整套完整的防护及杀毒软件组合，此文就以下载安装配置360软件为例。

（1）下载安装"360安全卫士"及"360杀毒软件"，下载地址为https：//www.360.com/，点击"卫士＋杀毒"开始下载，如图6.64所示。下载好后直接运行安装包，进行软件安装，如图6.65所示。

一个发展中的中国，充满了繁荣发展的活力。我们都在努力奔跑，我们都是追梦人。

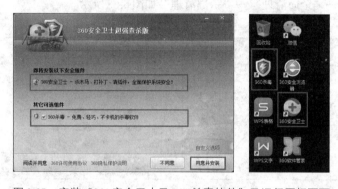

图6.64　卫士＋杀毒软件下载页面

图6.65　安装"360安全卫士及360杀毒软件"及运行图标页面

（2）安装完成后，桌面上即多出两个图标"360安全卫士"及"360杀毒"运行后，系统后台即开始运行防护软件及杀毒软件，实时监控系统运行安全，如图6.66所示。

图6.66　运行"360安全卫士及360杀毒软件"页面

（3）当安装完成并运行了"360安全卫士及360杀毒软件"后，还需对其进行相应的配置完善操作，以提高软件的防护能力，下面我们就分别对"360安全卫士及360杀毒软件"进行配置。

步骤1：运行"360安全卫士"，点击"我的电脑"—"立即体检"可查看系统是否存在隐患，保持电脑健康，当检测到有问题时，可点击"一键修复"进行处理，如图6.67所示。

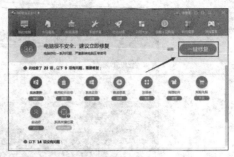

图6.67 对"我的电脑"进行体检及修复页面

步骤2：当电脑运行一段时间后，系统会自动缓存很多垃圾文件，或不及时清理，会导致系统运行越来越慢，严重时会导致死机，所以定期进行系统清理是非常有必要的，可点击"电脑清理"—"全面清理"—"一键清理"如图6.68所示。

图6.68 "电脑清理"页面

步骤3：因各种需要，在系统中安装所需应用软件后，软件会自动载入启动程序中，数量多后，会严重导致系统开机运行时间增加，运行速度变慢，我们可以运用"360安全卫士"提供的"优化加速"—"启动项"—禁止启动不必要开机即运行的程序。如图6.69所示。

图6.69 优化加速启动项页面

步骤4：运行"360杀毒"后，可点击"检查更新"来及时更新病毒库及更新版本升级，如图6.70所示。同时在杀毒软件默认下，是不打开"小红伞杀毒引擎"和"behavioral

脚本引擎"的，只能手动打开，这样可有效提高系统后台监测及杀毒能力。如图 6.71 所示。

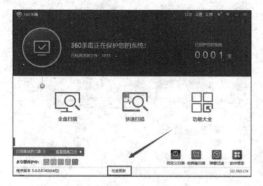 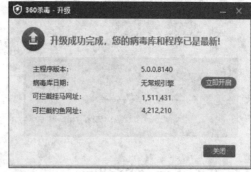

图 6.70　对"360 杀毒"检查更新页面

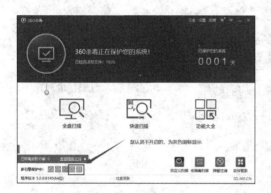 

图 6.71　开启"360 杀毒"中的"小红伞杀毒引擎"和"behavioral 脚本引擎"页面

（4）同时，我们还得对电脑定期或不定期进行手动"全盘扫描"—扫描后发现的问题及时进行"立即处理"如图 6.72 所示。也可以设置杀毒软件定时或系统空闲时进行全盘扫描，这样既不影响我们正常工作，同时也减少了系统空闲时对 CPU 及内存资源的浪费，如图 6.73 所示。

 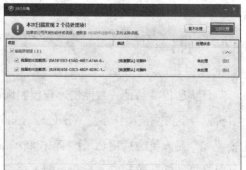

图 6.72　手动"全盘扫描"后对问题进行"立即处理"页面

往外张望的人在做梦，向内审视的人才是清醒的。

图 6.73　开启"360杀毒"定时扫描页面

# 任务 6.5　远程控制

随着科技的进步，人们的生活越来越方便，越来越智能化。远程控制软件的出现，也给人们的生活带来别样的感受。通过运用远程控制软件，可实现：远程办公、远程教育、远程维护、远程协助，任何人都可以利用一技之长通过远程控制技术为远端电脑前的用户解决问题。如安装和配置软件、绘画、填写表单等协助用户解决问题。

任务6.5 ▶

## 6.5.1　Mstsc

Mstsc（Microsoft terminal services client）创建与终端服务器或其他远程计算机的连接，远程桌面连接组件是从 Windows 2000 Server开始，由微软公司提供的，在 Windows 2000 Server 中他不是默认安装的。该组件开启之后就可以在网络的另一端控制这台计算机了，就好像是直接在该计算机上操作一样。这就是远程桌面的最大功能，通过该功能网络管理员可以在家中安全地控制单位的服务器，而且由于该功能是系统内置的，所以比其他第三方远程控制工具使用更方便更灵活。Mstsc也标为 Microsoft Telnet Screen Control ，即"微软远程桌面控制"。

## 6.5.2　向日葵

向日葵远程控制是一款提供远程控制服务的软件，由上海贝锐信息科技股份有限公司自主研发，支持主流操作系统 Windows、Linux、Mac、Android、iOS跨平台协同操作，主要面向企业和专业人员的远程 PC 管理和控制的服务软件。无论你在任何可连入互联网的地点，都可以轻松访问和控制安装远程控制客户端的远程主机，进行文件传输、远程桌面、远程监控、远程管理等。

### 6.5.3　Team Viewer

TeamViewer是一个能在任何防火墙和NAT代理的后台用于远程控制的应用程序，桌面共享和文件传输的简单且快速的解决方案。为了连接到另一台计算机，只需要在两台计算机上同时运行 TeamViewer 即可，而不需要进行安装（也可以选择安装，安装后可以设置开机运行）。该软件第一次启动在两台计算机上自动生成伙伴 ID。只需要输入你的伙伴的 ID 到 TeamViewer，然后就会立即建立起连接。

如果您回到家后想连接控制在学校或公司里自己的电脑，很多人会想到使用Windows远程桌面连接。一般情况下，它无疑是最好的方案了，但如果你要连接的电脑位于内网，即路由器（Router）或防火墙后方（电脑是内部IP），那样就必须在路由器上做一些设定端口映射之类的设置才有办法连上，而网管也不太可能帮您设定的。

这时 TeamViewer 无疑就是最佳的解决方案了。

## 6.5.4　实例解析

### 6.5.4.1　运行 Mstsc

步骤1：点击"开始"—"运行"输入"Mstsc"—"确定"就可以打开远程桌面连接了，如图6.74所示，再输入想连接已经开启远程桌面的地址即可连接。

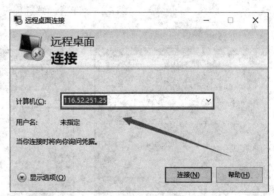

图6.74　远程桌面连接页面

步骤2：输入远程地址后，点击"连接"即开始与远程地址的电脑建立连接，如图6.75所示，弹出登录窗口，与登录本地系统一致。

步骤3：在建立远程连接前，需对远程系统进行相应配置，如图6.76所示，右击"计算机"—"属性"—"远程设置"—勾选"允许远程协助连接这台计算机"及"允许运行任意版本远程桌面的计算机连接"—"选择用户"中最少添加一个"administrator"如图6.77所示。

图 6.75　登录远程系统窗口页面

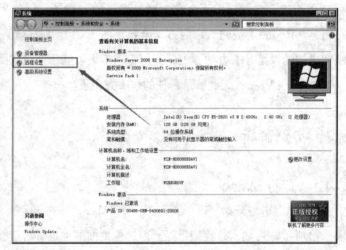

图 6.76　配置远端远程设置页面

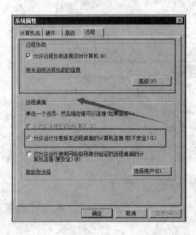
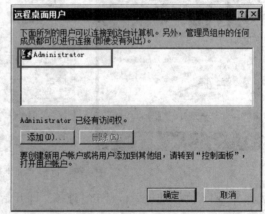

图 6.77　配置远端远程桌面用户页面

　　步骤4：在输入远端计算机地址时，若为本地局域网内的两台设置之间的连接，直接输入本地IP地址即可（图6.78），若为跨网段或内外网之间的连接，远端IP必须通过路由器等相关设备进行地址的转换，以确保指定地址中的3389端口的IP地址唯一，如图6.79所示。

计算机应用基础教程（Windows 10+WPS Office 2019）

少而好学，如日出之阳；壮而好学，如日中之光；老而好学，如炳烛之光。

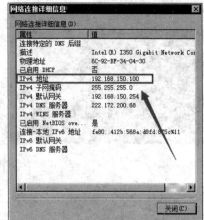

图6.78 查看远端计算机IP地址页面

图6.79 利用路由器进行IP地址转换页面

### 6.5.4.2 向日葵

（1）下载地址为"https：//sunlogin.oray.com/download/"—"下载"—"windows"—"下载64位"如图6.80所示。

图6.80 下载向日葵软件页面

（2）安装本地及远端计算机方法如图6.81所示，当"向日葵"软件安装完后，每台计算机都会自动生成"本机识别码""本机验证码"，要访问控制远端计算机，在本地向日葵的"控制远程设置"窗口中输入远端的"伙伴识别码"和"验证码"即可完成"远程协助"如图6.82、图6.83所示，远端计算机"远程协助"页面如图6.84所示。

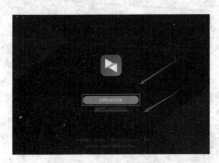 

图6.81　安装运行向日葵页面

图6.82　远端计算机识别码及验证码页面　图6.83　本地计算机识别码及验证码页面

图6.84　远端计算机"远程协助"页面

### 6.5.4.3　Team Viewer

（1）Team Viewer的下载地址为https：//www.teamviewer.cn/cn/，如图6.85所示；安装Team Viewer，如图6.86所示。

图6.85　下载Team Viewer页面

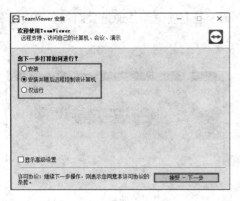

图6.86　安装Team Viewer页面

（2）安装完Team Viewer后，系统弹出是否"设置无人值守访问"，如需要，即需要设置无人值守密码，如图6.87所示。

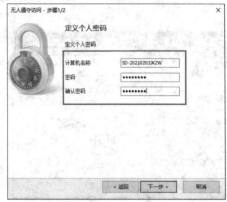

图6.87　"设置无人值守访问"页面

（3）登录或注册一个Team Viewer账号，可方便对不同计算机进行管理，当每添加一台设备时，都会向账号管理员邮箱发送"是否信任此设备"的邮件链接（图6.88）；打开

图6.88　登录Team Viewer账户及邮箱确认页面

邮箱登记验证后，就会弹出"Team Viewer在新设备上登记验证通过页面"及"成功登录Team Viewer账户页面"如图6.89、图6.90所示。

图6.89　Team Viewer在新设备上登记验证通过页面

图6.90　成功登录Team Viewer账户页面

（4）登录Team Viewer账户后，登记验证成功过的每台设备都会在"计算机和联系人"列表中列出来，同时标注了设备是否"在线"，要连接哪台直接双击该设备即可（图6.91）；连接成功后，即会展示出远端设备窗口界面，如图6.92所示。

图6.91　通过账号中的"计算机和联系人"列表控制远端设备页面

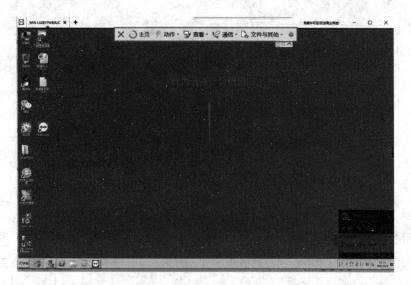

图6.92　访问控制远端计算机设备页面

# 参 考 文 献

［1］ 赵晓波，尹明锂，喻衣鑫.计算机应用基础实践教程[M].成都：电子科技大学出版社，
2019.

［2］ 任成鑫.Windows 10中文版操作系统从入门到精通[M].北京：中国青年出版社，
2016.

［3］ 许晞，刘艳丽，聂哲.计算机应用基础[M].北京：高等教育出版社，2013.

［4］ 周晓宏，聂哲，李亚奇.计算机应用基础[M].北京：清华大学出版社，2013.

［5］ 曾爱林.计算机应用基础项目化教程（Windows 10+Office 2016）[M].北京：高等教
育出版社，2019.

［6］ 樊月辉.计算机应用基础项目化教程（Windows 10+Office 2013）[M].西安：西安电
子科技大学出版社，2019.

［7］ 高继梅.计算机应用基础[M].上海：上海交通大学出版社，2018.

［8］ 袁琼，龙军，龚略.计算机应用基础[M].镇江：江苏大学出版社，2020.

［9］ 李佼辉，马峰柏.WPS Office办公应用案例教程[M].北京：航空工业出版社，2020.

［10］ 谭有彬，倪彬.WPS Office 2019高效办公[M].北京：电子工业出版社，2020.